Nachhaltigkeit im Unternehmen

Andrea Engelien,
Andrea Kämmler-Burrak,
Flavia Kruck,
Peter Sattler

1. Auflage

Inhalt

Was ist Nachhaltigkeit?   **5**
- Historische Schlaglichter der »Nachhaltigkeit«   6
- Entwicklung der Nachhaltigkeit in Unternehmen   9
- Wo stehen wir, wo wollen wir hin?   16
- Wichtige Rahmenwerke und Vereinbarungen   17

Warum Nachhaltigkeit im Unternehmen wichtig ist   **25**
- Vorteile einer Nachhaltigkeitsstrategie   26
- Gesetzliche Vorgaben   32

Schritt für Schritt zur Nachhaltigkeitssteuerung   **39**
- Schritt 1: Ambition definieren und Commitment des Top-Managements sicherstellen   40
- Schritt 2: Nachhaltigkeitsteam definieren   42
- Schritt 3: Wesentlichkeitsanalyse – Identifikation der wesentlichen Themen   43
- Schritt 4: Integration in den strategischen Rahmen   54
- Schritt 5: Ziele und Maßnahmen ableiten   56
- Schritt 6: Kennzahlen definieren und erheben   58
- Schritt 7: Nachhaltigkeit im Unternehmen verankern   60

Praxisbeispiele für die ESG-Dimensionen   **65**
- Soziale Nachhaltigkeit: Diversität   66
- Ökologische Nachhaltigkeit: Klimaschutz   70
- Governance: Korruptionsbekämpfung   75

Welche Rolle haben die Führungskräfte?   **79**
- Die Welt im Wandel – Neue Anforderungen an Führungspositionen   80

- Fachkompetenz: Prozesse, Regeln und
  Wertschöpfungskette   81
- Soziale Kompetenz: Nachhaltiges Mindset
  und Kompetenzen   82

**Welche Rolle kommt den Funktionsbereichen
im Unternehmen zu?**   **87**
- Mitwirkung der verschiedenen Unternehmensbereiche   88
- Geschäftsführung   89
- Finance, Controlling, Risikomanagement   91
- Nachhaltigkeitsabteilung   95
- Produktion, Supply Chain Management und Logistik   97
- Vertrieb   98
- Personal (HR)   100
- Einkauf   102
- IT-Bereich   103
- Forschung und Entwicklung   104
- Wer übernimmt die Gesamtverantwortung?   105

**Welche Herausforderungen gilt es
bei der Umsetzung zu beachten?**   **107**
- Commitment zeigen und Glaubwürdigkeit erhöhen   108
- Managementsysteme und Zertifizierungen nutzen   109
- Transparenz schaffen und klare »Sprache« etablieren   110
- Ratings nutzen und Wettbewerbs- und
  Finanzierungsvorteile generieren   115

- Wo kann man sich Hilfe holen?   119
- Stichwortverzeichnis   126

Vorwort

Nachhaltigkeit steht aktuell ganz oben auf der Agenda von Unternehmen und anderen Organisationen. Wesentliche Treiber sind hierbei die veränderten gesellschaftlichen Ansprüche und die zunehmenden gesetzlichen Regulierungen. Hinzu kommt die Erkenntnis, dass Nachhaltigkeit immer mehr einen entscheidenden Faktor für langfristiges Wachstum, Wettbewerbsstärke und Resilienz darstellt. Finanzielle Profitabilität allein reicht nicht mehr aus.

Viele Unternehmen stehen damit vor der Herausforderung, Nachhaltigkeit gleichwertig in ihre Unternehmensstrategie sowie in Prozesse und Strukturen zu integrieren. In diesem Buch stellen wir Rahmenbedingungen, Treiber und Praxisbeispiele für nachhaltiges Handeln und entsprechende Vorteile für Unternehmen vor. Des Weiteren werden sieben konkrete Schritte für eine erfolgreiche Umsetzung aufgeführt sowie die Rollen von Unternehmensführung, Führungskräften und einzelnen Funktionsbereichen beschrieben.

Viel Freude bei der Lektüre (und bei der Umsetzung)!

Andrea Engelien,
Andrea Kämmler-Burrak
Flavia Kruck,
Peter Sattler

Was ist Nachhaltigkeit?

Andrea Engelien

Der Begriff Nachhaltigkeit ist in aller Munde. Er wird in vielfacher Hinsicht gebraucht, doch ist damit immer dasselbe gemeint? Unternehmen sprechen von nachhaltiger Gewinnerzielung. Kunden möchten nachhaltige Produkte kaufen. Vielfach wird er mit Treibhausgasreduzierung gleichgesetzt.

In diesem Kapitel erfahren Sie, wie sich der Begriff entwickelt hat und was er im unternehmerischen Kontext bedeutet sowie welche wichtigen Rahmenwerke und Vereinbarungen es gibt.

Historische Schlaglichter der »Nachhaltigkeit«

Der Begriff Nachhaltigkeit hat seine Ursprünge im frühen 18. Jahrhundert. Bereits bis zum 14. Jahrhundert wurde die Waldfläche des Deutschen Reiches um ca. ein Viertel reduziert. Ein starker Bevölkerungsanstieg ab dem Ende des 17. Jahrhunderts verstärkte das Problem weiter. Außerdem wurde Holz für den Bergbau, u.a. in Sachsen, benötigt. So wie unsere Industrien heute von Öl und Gas abhängig sind, war für unsere Vorfahren Holz die wichtigste Ressource. Der sächsische Oberberghauptmann Hans Carl von Carlowitz realisierte, dass eine Holzverknappung einen Niedergang des Bergbaus bedeuten würde. Carlowitz führte seine Überlegungen in seinem Werk »Sylvicultura Oeconomica« zusammen, welches 1713 auf der Ostermesse in Leipzig vorgestellt wurde. Darin forderte er »nachhaltende« Waldbewirtschaftung, bei der nicht mehr Holz geerntet wird als auch wieder nachwächst. Ein Prinzip, das auch heute noch von der Forstwirtschaft beherzigt wird.

Fast 250 Jahre später gibt die gemeinnützige Organisation »Club of Rome« eine wissenschaftliche Studie über die fünf Trends Industrialisierung, Bevölkerungswachstum, Unterernährung, nicht erneuerbare Ressourcen sowie Umweltschäden und deren Wechselwirkungen in Auftrag. Unter Leitung des Ökonomen Dennis Meadows kommt das beauftragte Forschungsteam zu der Erkenntnis, dass begrenzte Ressourcen und grenzenloses

Wachstum sich gegenseitig ausschließen. 1972 wird der Bericht dann unter dem Namen »Die Grenzen des Wachstums« veröffentlicht. Der Bericht macht klar, dass das Wirtschaften des globalen Nordens Auswirkungen auf den gesamten Globus hat. Im Bericht wird mit umfangreichen Simulationen eine Prognose für das Jahr 2100 entwickelt und eine deutliche Warnung ausgesprochen. Erstmals wird der Zusammenhang zwischen sozialen, wirtschaftlichen und Umweltfaktoren bewusst.

15 Jahre später leitete Gro Harlem Brundtland, ehemalige norwegische Ministerpräsidentin, die von den Vereinten Nationen beauftragte Kommission »Worlds Commission on Environment und Development«, deren Abschlussbericht 1987 mit dem Titel »Our Common Future« veröffentlicht wurde. Er wird heute zumeist als Brundtland-Bericht bezeichnet. Die darin entworfene Definition einer Nachhaltigen Entwicklung ist weitgehend akzeptiert:

> *»Nachhaltige Entwicklung ist eine Entwicklung, welche die Bedürfnisse der gegenwärtigen Generation befriedigt, ohne die Fähigkeit zukünftiger Generationen zu gefährden, ihre eigenen Bedürfnisse zu befriedigen.«*

Um Nachhaltigkeit zu erklären, wird auf unternehmerischer Seite heute oft der Begriff der »Triple-Bottom-Line« verwendet. Dieser wurde 1994 von John Elkington eingeführt. Auf Deutsch kann es als »Dreifachbilanz« übersetzt werden. Das Modell unterstreicht, dass die Leistung eines Unternehmens auf verschiedene Weise gemessen werden kann: in Bezug auf

- seine Finanzen (Ökonomie),

- seine Umweltauswirkungen (Ökologie) und

- seine soziale Verantwortung (Soziales).

Elkington argumentierte, dass alle drei Ebenen gleichberechtigt gesehen werden müssen. Nachhaltigkeit ist dort, wo alle drei Bereiche in Einklang stehen, wie Abbildung 1 veranschaulicht.

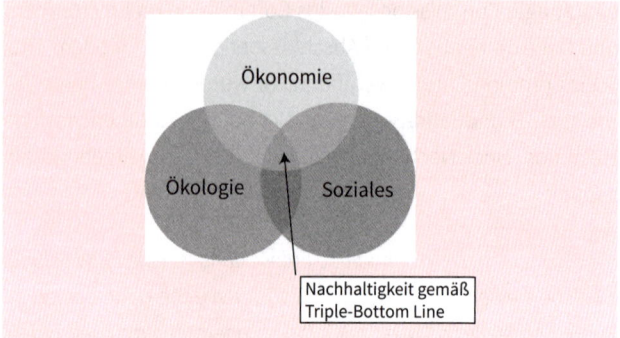

Abb. 1: *Elemente der Triple Bottom Line*

Aufgrund der fortschreitenden ökologischen und sozialen Probleme wird das Modell heute von zahlreichen Nachhaltigkeitsmanagern kritisch gesehen. So hat beispielsweise Kate Raworth mit ihrer »Donut-Ökonomie« die Umwelt als Systemgrenze definiert. Mehr und mehr setzt sich die Erkenntnis durch, dass die Erde die Grenze darstellt, da diese nicht reproduzierbar ist. Alle anderen Systeme, wie Gesellschaft, Wirtschaft und Unternehmen sind diesen planetaren Grenzen untergeordnet (s. Abb. 2).

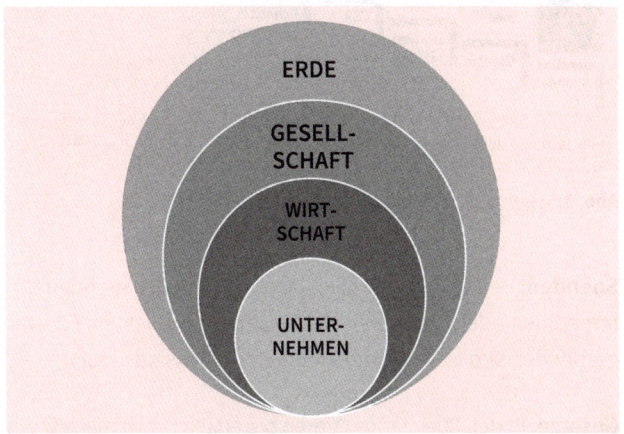

Abb. 2: *Nachhaltigkeit – systemisch gedacht*

Entwicklung der Nachhaltigkeit in Unternehmen

So wie sich politisch der Begriff Nachhaltigkeit verändert hat, gab es auch in den Unternehmen eine historische Entwicklung. Diese wird im Folgenden anhand der einzelnen Stufen der »Treppe der Nachhaltigkeit« erläutert.

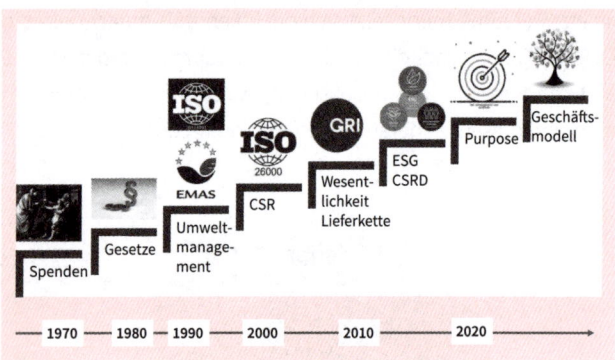

Abb. 3: *Treppe der Nachhaltigkeit*

Spenden: Bereits seit den 70er Jahren und früher spenden Unternehmen oder engagieren sich in sozialen Projekten. Für was gespendet wird ist vollkommen unternehmensindividuell.

Gesetze: In den 80er Jahren traten die ersten Umweltgesetze in Kraft, die heute laufend weiterentwickelt werden und von den Unternehmen verpflichtend einzuhalten sind.

Umweltmanagement: In den 90er Jahren entwickelten sich die ISO 14001 und EMAS (Eco-Management and Audit Scheme). Hierbei handelt es sich um zwei international anerkannte Leitlinien für Umweltmanagementsysteme. Dabei wird die Umweltleistung des Unternehmens innerhalb der Unternehmensgrenzen beurteilt. Die ISO 14001 ist ein Bestandteil von EMAS. EMAS geht also noch über die ISO-Norm hinaus und ist in Deutschland weit verbreitet. Wesentlicher Unterschied ist, dass bei EMAS eine Umwelterklärung veröffentlicht wird, welche von einem Umweltgutachter oder einer Umweltgutachterin geprüft wurde.

Die Umwelterklärung umfasst folgende Kerninhalte:

- Beschreibung der Organisation sowie deren Tätigkeit, Produkte und Dienstleitungen
- Leitbild
- Bedeutende Umweltaspekte
- Umweltprogramm mit der Beschreibung der Umweltzielsetzung
- Daten über die Umweltleistung bezogen auf die bedeutenden Umweltauswirkungen und die Kernindikatoren
- Benennung der wichtigsten rechtlichen Umweltvorschriften und Nachweis über deren Einhaltung
- Name und Zulassungsnummer des Umweltgutachters bzw. der Umweltgutachterin sowie das Datum der Validierung

Während bei der ISO ein Gutachter das System prüft und die Norm-Konformität bestätigt, wird bei EMAS die Öffentlichkeit über die Umweltleistung des Unternehmens informiert. In der deutschen Nachhaltigkeitsstrategie wird angestrebt, dass bis 2030 insgesamt 5.000 Organisationsstandorte über ein Umweltmanagementsystem nach EMAS verfügen. Im Jahr 2020 hatten 2.176 Organisationen EMAS im Einsatz.

CSR: CSR ist die Abkürzung für Corporate Social Responsibility. Damit ist die soziale Verantwortung von Unternehmen gemeint.

Der Begriff wurde ab den 2000er Jahren für die ethische Unternehmensführung geprägt. 2010 wurde dafür dann auch ein ISO-Standard, die ISO 26000 veröffentlicht. Sie ist ein Leitfaden für gesellschaftlich verantwortliches Verhalten. Diese ist keine zertifizierbare Norm, sondern vielmehr ein Leitfaden und eine Handlungs- und Orientierungshilfe. Es sind keine konkreten Anforderungen und Werteskalen genannt.

Es werden sieben Grundsätze der gesellschaftlichen Verantwortung genannt:

- Rechenschaftspflicht
- Transparenz
- Ethisches Verhalten
- Achtung der Interessen von Anspruchsgruppen
- Achtung der Rechtsstaatlichkeit
- Achtung internationaler Verhaltensstandards
- Achtung der Menschenrechte

Ein in Deutschland wenig verbreitetes Management- und Zertifizierungssystem, das die Einhaltung von Mindeststandards im sozialen Bereich fordert, ist die SA8000.

Wesentlichkeit/Lieferkette: Mit zunehmender Weiterentwicklung der Nachhaltigkeit in Unternehmen wurde klarer, dass ein integrierter Ansatz notwendig ist. Dieser darf sich nicht nur auf das Unternehmen selbst beziehen, sondern muss die gesamte

Lieferkette mit einbeziehen, also auch die Lieferanten und die Kunden. Ein ganzheitlicher systemischer Nachhaltigkeitsansatz erfordert die Betrachtung der gesamten Wertschöpfungskette in den Dimensionen Soziales, Ökologie und Ökonomie.

In den 2010er Jahren hat sich dann auch der Begriff der Wesentlichkeit (englisch Materiality) geprägt. Ein Unternehmen kann sich nicht mit allen möglichen Bereichen der sozialen, ökologischen und ökonomischen Nachhaltigkeit beschäftigen, sondern nur mit den für sie wesentlichen. Weltweit anerkanntes Regelwerk für diese fokussierte Berichterstattung ist der von der GRI (Global Reporting Initative) entwickelte Standard. GRI ist eine gemeinnützige Multi-Stakeholder Stiftung und wurde 1997 von CERES, einer gemeinnützigen US-amerikanischen Organisation, und dem Umweltprogramm der Vereinten Nationen (United Nations Environment Program, UNEP) in den USA gegründet. GRI hat seinen Hauptsitz inzwischen in Amsterdam, Regionalbüros in Australien, Brasilien, China, Indien und den USA sowie ein weltweites Netzwerk von 30.000 Personen. GRI ist der weltweit am meisten verbreitete Standard für Nachhaltigkeitsberichte, insbesondere bei großen Unternehmen. Für kleinere Unternehmen gibt es den Deutschen Nachhaltigkeitskodex (DNK), der auf Indikatoren von GRI zurückgreift und weniger umfangreich ist.

ESG/CSRD: Mit der Corporate Sustainability Reporting Directive (CSRD) legt die Europäische Kommission erstmals einen einheitlichen Rahmen für die Berichterstattung nicht-finanzieller Daten fest. Die CSRD verankert das Konzept der doppelten Wesentlichkeit (double materiality) und verlangt ausführlichere Informationen zu Nachhaltigkeitszielen und -kennzahlen. In Kapitel 3 erhalten Sie weitere Informationen über die doppelte Wesentlichkeit. Aus den bisher ca. 500 deutschen Unternehmen, die ihre Nachhaltigkeitsperformance berichten müssen, werden zukünftig ca. 15.000 werden. Die Berichterstattung soll im Jahresabschluss nach den European Sustainability Reporting Standards (ESRS) erfolgen und vom Wirtschaftsprüfer testiert werden. Betroffen von der Neuregelung sind Unternehmen, die als groß im Sinne von § 267 HGB gelten. Dabei müssen mindestens zwei der folgenden drei Merkmale erfüllt sein:

- Bilanzsumme: mindestens 20 Mio. €
- Nettoumsatz: mindestens 40 Mio. €
- Beschäftigte: mindestens 250

Die verpflichteten Unternehmen müssen erstmalig in ihrem Jahresabschluss für das Geschäftsjahr 2025 berichten, also im Jahr 2026.

Ferner wird Nachhaltigkeit seit einigen Jahren oftmals mit ESG gleichgesetzt. Der Begriff ESG kommt aus dem Finanzbereich und ist die Abkürzung für

- E = Environment = Umwelt,
- S = Social = Soziales/Gesellschaft,
- G = Governance = Unternehmensführung

Auch die oben genannte CSRD ist in diese drei Bereiche unterteilt. Vermutlich wurde der Begriff »Nachhaltigkeit« einfach zu oft gebraucht. Außerdem ist der Begriff ESG eindeutiger.

ESG KRITERIEN		
Environment (Umwelt)	**Social (Soziales)**	**Governance (Unternehmensführung)**
• Energie	• Diversität	• Datensicherheit
• Wasser	• Arbeitssicherheit	• Risikomanagement
• Klima	• Menschenrechte	• Compliance
• Abfall	• Gesundheit	• Korruption
• Artenvielfalt	• Schulung	• ESG Management
• …	• …	• …

Abb. 4: *Beispiele für ESG-Kriterien*

Purpose: Neben ihrer Vision und Mission und dem daraus abgeleiteten Leitbild stellen sich immer mehr Unternehmen die Frage nach ihrem Purpose. Der Purpose (engl. »Zweck«) ist der Sinn und Zweck eines Unternehmens. Er gibt Antwort auf die Frage, welchen gesellschaftlichen und ökologischen Mehrwert das Geschäftsmodell des Unternehmens bringt.

Geschäftsmodell: Immer mehr Unternehmen integrieren Nachhaltigkeit in ihr Geschäftsmodell und verbessern bzw. erhalten damit ihre Gewinne. Beispiele hierfür sind Wursthersteller, die nun auch vegane und vegetarische Alternativen vertreiben oder Sportartikelhersteller, die ihre Produkte verleihen statt verkaufen. Dieser Transformationsprozess der Wirtschaft eröffnet zahlreiche interessante neue Möglichkeiten.

Wo stehen wir, wo wollen wir hin?

Nachdem nun die Begriffe der Treppe der Nachhaltigkeit geklärt sind, können Sie sich fragen, auf welcher Stufe Ihr Unternehmen aktuell steht und wohin es entwickelt werden soll. Um diese Einordnung vorzunehmen, hilft es, das Ambitionsniveau zu klären. Grundsätzlich gibt es hier drei Stufen:

Niedriges Ambitionsniveau:
Gesetzliche Vorgaben sollen erfüllt werden. Darüber hinaus sind keine weiteren Maßnahmen geplant. Nachhaltigkeit wird als Vorgabe gesehen, die es abzuarbeiten gilt.

Beispiel: Zukünftige Anforderung an die Nachhaltigkeitsberichterstattung werden wie vom Gesetzgeber gefordert umgesetzt.

Mittleres Ambitionsniveau:
Wie oben plus die Entwicklung von eigenen Zielen und Kennzahlen. Es soll ein Nachhaltigkeitsbericht nach einem gängigen Standard publiziert werden. Die Öffentlichkeit soll über die gesetzlichen Vorgaben hinaus über das Nachhaltigkeitsbestreben des Unternehmens informiert werden.

Beispiel: Publizieren eines Nachhaltigkeitsberichts nach GRI, der auch die gesetzlichen Anforderungen mit abdeckt.

Hohes Ambitionsniveau:

Die ersten zwei Punkte plus Beschäftigung mit dem eigenen Geschäftsmodell und Integration von Nachhaltigkeit in die Vision. Dies hat zur Folge, dass das eigene Geschäftsmodell hinterfragt wird und die Transformation genutzt werden soll, um neue Märkte zu erschließen.

Beispiel: Produkte werden nicht nur zum Kauf angeboten, sondern auch zur Miete.

Vielleicht ist es für Sie aktuell noch schwierig, Ihr Ambitionsniveau zu klären. Im Kapitel 2 erfahren Sie, warum es von Vorteil ist, sich mit Nachhaltigkeit zu beschäftigen.

Wichtige Rahmenwerke und Vereinbarungen

Einige Rahmenwerke werden in der Nachhaltigkeitskommunikation immer wieder genannt. In diesem Kapitel werden die wichtigsten vorgestellt.

Pariser Klimaabkommen

Auf der 21. UN-Klimakonferenz im Jahr 2015 in Paris (COP 21 = Convention on Climate Change, 21st Conference) einigten sich 197 Länder auf gemeinsame Klimaziele:

- Begrenzung der Erderwärmung auf deutlich unter 2 °C
- Keine weitere Belastung der Atmosphäre durch Treibhausgase in der zweiten Hälfte des Jahrhunderts

- Hilfe für die ärmsten Länder bei der Bewältigung von durch Klimawandel verursachte Schäden
- Regelmäßige Überprüfung der Ziele in allen Staaten

Auch Städte und Behörden auf regionaler und kommunaler Ebene sowie der private Sektor sollen bei der Umsetzung der Klimaziele mitwirken. So ist auch die private Wirtschaft aufgefordert, Emissionen zu reduzieren und Anpassungen an den Klimawandel voranzutreiben. Die Konferenzen finden jährlich statt.

Sustainable Development Goals (SDGs)

Die SDGs oder deutsch Nachhaltigkeitsziele wurden 2015 auf dem Weltgipfel für nachhaltige Entwicklung in New York vorgestellt und von der Generalversammlung der Vereinten Nationen verabschiedet. Alle 193 Mitgliedsstaaten der UN und damit fast alle Staaten der Welt haben sie ratifiziert. Es handelt sich um 17 Ziele mit über 150 konkreten Unterzielen. Erstmalig hat man sich damit auf einen gemeinsamen Fahrplan bis 2030 geeinigt, um Wohlstand und Gesundheit unter der Berücksichtigung von ökologischen Themen für alle Menschen zu sichern. Der Fortschritt der Zielerreichung wird anhand von Indikatoren jedes Jahr gemessen. Die SDGs sind umfassend und auch Unternehmen sind aufgefordert ihren Beitrag zur Erreichung der Ziele zu leisten. Daher nennen viele Unternehmen in ihrer Nachhaltigkeitskommunikation die SDGs. Da die Ziele bis 2030 erreicht werden sollen, werden sie auch Agenda 2030 genannt.

Abb. 5: *Die 17 Nachhaltigkeitsziele der UN*

Es folgen einige Beispiele für SDGs mit Unterzielen, die Relevanz für Unternehmen haben:

SDG 5: Geschlechtergleichheit

5.5 Die volle und wirksame Teilhabe von Frauen und ihre Chancengleichheit bei der Übernahme von Führungsrollen auf allen Ebenen der Entscheidungsfindung im politischen, wirtschaftlichen und öffentlichen Leben sicherstellen.

SDG 6: Sauberes Wasser und Sanitäreinrichtungen

6.3 Bis 2030 die Wasserqualität durch Verringerung der Verschmutzung, Beendigung des Einbringens und Minimierung der Freisetzung gefährlicher Chemikalien und Stoffe, Halbierung des Anteils unbehandelten Abwassers und eine beträchtliche Steigerung der Wiederaufbereitung und gefahrlosen Wiederverwendung weltweit verbessern.

SDG 8: Menschenwürdige Arbeit und Wirtschaftswachstum

8.7 Sofortige und wirksame Maßnahmen ergreifen, um Zwangsarbeit abzuschaffen, moderne Sklaverei und Menschenhandel zu beenden und das Verbot und die Beseitigung der schlimmsten Formen der Kinderarbeit sicherstellen und bis 2025 jeder Form von Kinderarbeit ein Ende setzen.

SDG 15: Leben an Land

15.5 Umgehende und bedeutende Maßnahmen ergreifen, um die Verschlechterung der natürlichen Lebensräume zu verringern, dem Verlust der biologischen Vielfalt ein Ende zu setzen und bis 2020 die bedrohten Arten zu schützen und ihr Aussterben zu verhindern.

Es ist unmöglich, sich mit allen SDGs gleichermaßen zu beschäftigen. Um die SDGs zu priorisieren, wird die gesamte Wertschöpfungskette des Unternehmens betrachtet. Die Fragestellung pro SDG lautet: Welche Auswirkungen hat unser Unternehmen auf das jeweilige SDG?

Besonders gut eignet sich hierfür ein Workshop mit verschiedenen Abteilungen. Die SDGs mit den größten Auswirkungen sind die wichtigsten für das Unternehmen. Daraus werden dann Kennzahlen, Ziele und Maßnahmen abgeleitet.

Deutsche Nachhaltigkeitsstrategie (DNS)

Aus den SDG wurde die deutsche Nachhaltigkeitsstrategie entwickelt. Darin wurden aus den globalen Zielen die Maßnahmen für Deutschland abgeleitet. Diese können für Unternehmen wichtig sein.

Ziele der deutschen Nachhaltigkeitsstrategie

- Für SDG 12 »Nachhaltiger Konsum und Produktion« wird angestrebt, dass im Jahr 2030 an 5.000 Organisationsstandorten EMAS eingeführt ist.

- Bei SDG 13 »Umgehend Maßnahmen zur Bekämpfung des Klimawandels und seiner Auswirkungen ergreifen« ist das Ziel in Deutschland bis 2030 die Treibhausgasemissionen um mindestens 55 % zu senken. Bis 2050 soll Treibhausgasneutralität erreicht werden. Diese Ziele haben als Basisjahr 1990.

In der DNS wurden insgesamt sechs Transformationsbereiche benannt:

- Nachhaltige Agrar- und Ernährungssysteme
- Schadstofffreie Umwelt
- Energie- und Klimaschutz
- Kreislaufwirtschaft
- Nachhaltiges Bauen und Verkehrswende
- Menschliches Wohlbefinden und Fähigkeiten, soziale Gerechtigkeit

Unternehmen können daraus auch eigene strategische Ziele ableiten. Fördermittel werden vielfach in diese Bereiche gelenkt.

European Green Deal

Die EU-Kommissionspräsidentin Ursula von der Leyen hat den European Green Deal als »Europas Mann auf dem Mond Moment« bezeichnet. Der European Green Deal möchte Europa bis 2050 zu einem klimaneutralen und ressourcenschonenden Kontinent entwickeln. Dafür sollen bis 2030 insgesamt eine Billion EUR investieren werden. Das Vorhaben, mit dem die EU globaler Vorreiter beim Klimaschutz werden will, soll zudem ein Wachstumsmotor für Europa werden. Wichtig ist der EU dabei der gerechte Übergang. Das bedeutet, dass finanzielle Mittel für die Regionen bereitgestellt werden, die am meisten von der Transformation betroffen sind (beispielsweise Kohlebergbaugebiete). Niemand soll zurückgelassen werden.

Für Unternehmen ist der EU Green Deal aus mehreren Aspekten heraus interessant. Einerseits können Fördermittel für die Umgestaltung des eigenen Geschäftsmodells beantragt werden. Andererseits können durch den Aspekt »Finanzierung der Wende« Herausforderungen für die Unternehmensfinanzierung entstehen. Um den Green Deal zu finanzieren werden die privaten und öffentlichen Finanzströme umgeleitet in nachhaltige Geldanlagen. Das bedeutet, dass der Kapitalmarkt zukünftig vermehrt nachhaltige Anlagemöglichkeiten sucht. 279 Mrd. EUR des European Green Deal sollen so finanziert werden.

Der European Green Deal soll die EU-Wirtschaft für eine nachhaltige Zukunft umgestalten, mit folgenden Zielen:

- Mobilisierung von Forschung und Förderung von Innovation
- Null-Schadstoff-Ziel für eine schadstofffreie Umwelt
- Ökosysteme und Biodiversität erhalten und wiederherstellen
- »Vom Hof auf den Tisch«: ein faires, gesundes und umweltfreundliches Lebensmittelsystem
- Raschere Umstellung auf eine nachhaltige und intelligente Mobilität
- Energie- und ressourcenschonendes Bauen und Renovieren
- Mobilisierung der Industrie für eine saubere und kreislauforientierte Wirtschaft

- Versorgung mit sauberer, erschwinglicher und sicherer Energie
- Ambitionierte Klimaschutzziele der EU für 2030 und 2050
- Finanzierung der Wende
- Niemanden zurücklassen (gerechter Übergang)

Warum Nachhaltigkeit im Unternehmen wichtig ist

Andrea Engelien

Erich Kästner hat den Satz geprägt: »Es gibt nichts Gutes, außer man tut es.« Ähnlich ist es mit der Nachhaltigkeit. Es wird viel geredet, aber was wird dann wirklich getan? Um ins Tun zu kommen, benötigt man gute Gründe. Unternehmen sind heute bereits mit Bürokratie, wechselnden Krisen und Fachkräftemangel mehr als genug beschäftigt. Warum sich also auch noch mit Nachhaltigkeit beschäftigen? Dieses Kapitel beschreibt die Vorteile einer Nachhaltigkeitsstrategie und regulatorische Anforderungen.

Vorteile einer Nachhaltigkeitsstrategie

Eine Nachhaltigkeitsstrategie zu entwickeln, kostet Zeit und damit auch Geld. Was sind also die Vorteile einer Nachhaltigkeitsstrategie? Warum ist es sinnvoll, sich im Unternehmen damit zu beschäftigen?

10 Vorteile einer Nachhaltigkeitsstrategie:

1. Das Unternehmen wird als Arbeitgeber attraktiver.
2. Die Motivation der Mitarbeitenden steigt.
3. Einsparpotenziale bei Kosten und Emissionen werden gehoben.
4. Risiken werden analysiert.
5. Es bieten sich Chancen für Wachstum und Wettbewerbsfähigkeit.
6. Innovationen werden stärker vorangetrieben.
7. Die Reputation des Unternehmens steigt.
8. Sie ist Voraussetzung für den Zugang zum Kapitalmarkt.
9. Die Attraktivität für Investoren steigt.
10. Das Unternehmen leistet einen Beitrag zum Gemeinwohl

Vorteil 1: Das Unternehmen wird als Arbeitgeber attraktiver

Der Arbeitsmarkt ist ein Markt für die Arbeitnehmenden geworden. Fast jede Branche klagt über einen Mangel an Fachkräften. Ausbildungsstellen können teilweise nicht besetzt werden. Gerade junge Menschen achten bei ihrer Bewerbung darauf, wie nachhaltig ihr potenzieller neuer Arbeitgeber ist. Wer in seinem Privatleben versucht, klimaschonend und sozial verträglich zu leben, möchte dies auch am Arbeitsplatz. In einer Online-Umfrage der Jobplattform StepStone im Jahr 2021 gab jeder zweite an, im Falle eines Jobwechsels gezielt nach Stellen bei nachhaltigen Unternehmen zu suchen. Jeder dritte wäre sogar bereit, bei einem nachhaltigen Arbeitgeber ein Gehalt unter dem Marktdurchschnitt zu akzeptieren.

Vorteil 2: Die Motivation der Mitarbeitenden steigt

In einer Nachhaltigkeitsstrategie sind die Schwerpunkte im sozialen Bereich oftmals die Bereiche Aus- und Weiterbildung, Diversität und Gesundheit bzw. Arbeitssicherheit. Das alles sind Handlungsfelder, die die Mitarbeitenden direkt spüren. Es erhöht die Motivation, wenn der Arbeitgeber Maßnahmen zur Gesundheitsförderung oder ein zielgerichtetes Weiterbildungsprogramm anbietet. Außerdem kennen viele Mitarbeitenden die aktuellen Umweltthemen wie Verlust der Biodiversität oder Klimawandel. Viele versuchen im privaten Bereich umweltschonend zu leben. Wenn auch der Arbeitgeber ähnliche Ziele verfolgt führt, erhöht das die Identifikation mit dem Arbeitgeber. Allerdings muss das Handeln des Arbeitgebers authentisch sein. Wer beispielsweise den Mitarbeitenden Diensträder anbietet, um den Treibhausgaseffekt des Arbeitswegs der Mitarbeitenden zu reduzieren und dann selbst Kurzstrecken mit dem Flugzeug fliegt, wird schnell des Greenwashings bezichtigt. Greenwashing bedeutet, dass Nachhaltigkeit als Werbemaßnahme nach außen benutzt wird, aber im Inneren nicht gelebt wird.

Vorteil 3: Einsparpotenziale bei Kosten und Emissionen

Nachhaltigkeit hebt Einsparpotenziale in vielerlei Hinsicht. Denken Sie nur einmal daran, dass Sie niedrige Fluktuationsraten haben, weil die Mitarbeitenden gerne bei Ihnen arbeiten oder dass Sie junge Talente gewinnen können, weil diese sich von ihrer Nachhaltigkeitsstrategie angezogen fühlen. Somit sparen Sie Kosten für Recruiting und Kosten der Einarbeitung von neuen Mitarbeitenden. Sehr groß sind auch die Potentiale im Umweltbereich. Bei der Treibhausgasreduzierung geht es oftmals um Energieeinsparung. Senken Sie den Verbrauch von Strom, Gas und sonstiger Primärenergie, reduzieren Sie auch automatisch Kosten. Auch ein gut funktionierendes Abfallmanagement mit sortenreinen Abfällen reduziert die Entsorgungskosten.

Vorteil 4: Risiken werden analysiert

Ein gut aufgesetztes Nachhaltigkeitsmanagement beschäftigt sich auch mit einer Risikoeinschätzung. Einerseits werden die Risiken betrachtet, die aufgrund von Umwelt- und Sozialfaktoren bestehen. Beispielsweise könnte untersucht werden, ob Lieferanten von Extremwetterereignissen betroffen sein könnten, was zu einer Störung in der Lieferkette führen würde.

Andererseits wird analysiert, welche Folgen die eigene Geschäftätigkeit auf Umwelt und Gesellschaft hat und welche Risiken damit verbunden sind. Risiken mit hoher Eintrittswahrscheinlichkeit haben oftmals auch finanzielle Auswirkungen. Um wirtschaftlichen Schaden vom Unternehmen abzuwenden, werden daher auch Präventions- und Abhilfemaßnahmen systematisch erfasst.

Vorteil 5: Chancen für Wachstum und Wettbewerbsfähigkeit

Immer mehr Abnehmer erwarten von ihren Lieferanten eine Nachhaltigkeitsstrategie. Oftmals wird hierbei ein Schwerpunkt auf die Treibhausgasbilanzierung gesetzt, aber auch weitere Themen aus dem sozialen bzw. Umweltbereich werden abgefragt. Lieferanten stehen vor der Aufgabe, umfangreiche Nachhaltigkeitsdokumente in Softwarelösungen zur Lieferantenbewertung zur Verfügung zu stellen. Ohne bereits existierende Nachhaltigkeitsstrategie ist dies eine schwer zu bewältigende Aufgabe. Wer hier bereits vorgearbeitet hat, genießt einen Wettbewerbsvorteil. In der letzten Zeit stieg beispielsweise im Textil- und Lebensmittelbereich die Nachfrage nach nachhaltigen Zulieferern. Eine ähnliche Entwicklung ist im Baubereich abzusehen.

Vorteil 6: Innovationen werden stärker vorangetrieben

Nahende Umweltkatastrophen oder andere Krisen waren schon immer Innovationsbeschleuniger. Um 1900 waren in London um die 10.000 Pferde unterwegs. Die London Times warnte daher 1894 angesichts der Pferdeplage: 1950 würde der Pferdemist drei Meter hoch liegen, wenn das so weiterginge. Die Lösung des Problems kam durch die Entwicklung des Automobils. Damals hatte das Auto Mensch und Umwelt gerettet. Heute möchte London das Auto aus der Innenstadt verbannen. 120 Jahre später brauchen wir wieder neue Lösungen.

Die Suche nach neuen Geschäftsfeldern im Nachhaltigkeitsbereich und die Auseinandersetzung mit dem eigenen Purpose sind wahre Innovationstreiber. Mitarbeitende sind sehr motiviert, nach Lösungen zu suchen. Viele Menschen wollen daran teilhaben, unsere Welt besser zu machen. Durch den Green Deal werden hierfür auch Fördermittel bereitgestellt. Einer der Zukunftstreiber ist die Kreislaufwirtschaft. Ziel der Kreislaufwirtschaft ist es, dass Materialien immer wieder verwendet werden können und kein Abfall entsteht. In einer Projektgruppe könnte beispielsweise daran gearbeitet werden, die eigenen Produkte kreislauffähig zu machen.

Vorteil 7: Die Reputation des Unternehmens steigt

Unternehmen mit einer Nachhaltigkeitsstrategie können an Ansehen gewinnen. Dabei ist es wichtig die eigenen Nachhaltigkeitsaktivitäten transparent zu kommunizieren. Gerade bei inhabergeführten Unternehmen ist zu beobachten, dass viel in Richtung Nachhaltigkeit getan wird, aber die Öffentlichkeit darüber nichts erfährt. Hier gilt der Grundsatz: »Tue Gutes und sprich darüber«. Es ist positiv, wenn die Öffentlichkeit und die Geschäftspartner von den geplanten Aktivitäten des Unternehmens erfahren. Dies kann z.B. durch Kommunikation auf der Homepage oder einen Nachhaltigkeitsbericht erfolgen.

Vorteil 8: Voraussetzung für den Zugang zum Kapitalmarkt

Ende 2019 veröffentlichte die Bundesanstalt für Finanzdienstleistungsaufsicht (BaFin) ein Merkblatt zu Nachhaltigkeitsrisiken. Das Merkblatt richtet sich an alle von der BaFin beaufsichtigten Kreditinstitute, Versicherungsunternehmen, Pensionsfonds, Kapitalverwaltungsgesellschaften und Finanzdienstleistungsinstitute. Der CFO der BaFin fordert darin: »Wir erwarten, dass die beaufsichtigten Unternehmen sich mit den entsprechenden Risiken strategisch auseinandersetzen«. Dies bedeutet, dass sich Banken zukünftig bei der Kreditvergabe an Unternehmen davon überzeugen müssen, dass keine ESG-Risiken bestehen. Mittelfristig ist davon auszugehen, dass ESG-Risiken in die Kreditkonditionen eingepreist werden. Unternehmen ohne Nachhaltigkeitsstrategie könnten Schwierigkeiten bei der Aufnahme von Krediten bekommen. Schon jetzt bieten manche Banken nachhaltigen Unternehmen vergünstigte Zinssätze an.

Vorteil 9: Die Attraktivität für Investoren steigt

Nachhaltige Investments sind auf dem Vormarsch und zählen zu den wichtigsten Trends auf den Kapitalmärkten. Vielfach wird zu Beginn einer möglichen Investition ein ESG-Assessment durchgeführt. Nachhaltige Unternehmen sind interessanter für potenzielle Investoren.

Vorteil 10: Das Unternehmen leistet einen Beitrag zum Gemeinwohl

In Art. 151 Abs. 1 der bayerischen Verfassung steht: »Die gesamte wirtschaftliche Tätigkeit dient dem Gemeinwohl, insbesondere der Gewährleistung eines menschenwürdigen Daseins für alle und der allmählichen Erhöhung der Lebenshaltung aller Volksschichten.« Ähnliche Formulierungen gibt es auch in anderen Länderverfassungen. Unternehmen sind aufgefordert einen Beitrag zum Gemeinwohl zu leisten. Einen sehr umfassenden Berichtsstandard, der auch das Gemeinwohl berücksichtigt, hat die Gemeinwohlökonomie entwickelt. Die Gemeinwohlbilanz ist ein transparenter, umfassender Nachhaltigkeitsberichtsstandard, der aktuell hauptsächlich von kleineren Unternehmen verwendet wird. Abgesehen davon sind viele Unternehmer auch intrinsisch motiviert, eine nachhaltigere Wirtschaftsweise zu etablieren.

Gesetzliche Vorgaben

Neben den beschriebenen Vorteilen gibt es auch eine Reihe von gesetzlichen Vorgaben, die von Unternehmen hinsichtlich Nachhaltigkeit zu erfüllen sind. Einige Rahmenwerke wurden bereits in Kapitel 1 beschrieben. Die aktuellen Gesetzentwürfe und Gesetze entstehen vielfach auf EU-Ebene (s. Abb. 6).

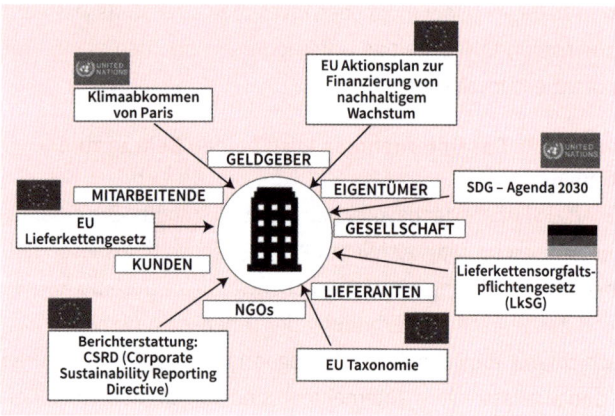

Abb. 6: *Gesetzliche Vorgaben für Nachhaltigkeit*

EU-Aktionsplan zur Finanzierung von nachhaltigem Wachstum

Der EU-Aktionsplan zur Finanzierung von nachhaltigem Wachstum wurde von der EU-Kommission 2018 verabschiedet und wird seitdem zügig umgesetzt. Es handelt sich um 10 Aktionsfelder, die Europa zu einem nachhaltigen Kontinent umgestalten sollen. Die 10 Felder sind auf drei Ziele ausgerichtet und von großer Relevanz für Unternehmen. Das erste Ziel wird benötigt, um die Finanzströme umzuleiten und den Green Deal zu finanzieren.

Die Ziele und Aktionsfelder

Ziel 1: Umlenkung der Kapitalströme zu nachhaltigen Investitionen

- #1 EU Nachhaltigkeits-Taxonomie
- #2 Normen und Kennzeichen (EU Green Bond Standard und EU Öko Label)
- #3 Erleichterung von Investitionen in nachhaltige Infrastrukturprojekte
- #4 Berücksichtigung der Faktoren Umwelt, Soziales und Governance in der Investitionsberatung
- #5 Entwicklung von Referenzwerten für Nachhaltigkeit

Ziel 2: Einbeziehung der Nachhaltigkeit in das Risikomanagement

- #6 Berücksichtigung der Faktoren Umwelt, Soziales und Governance beim Rating
- #7 Pflicht der Investoren zur Berücksichtigung der Faktoren Umwelt, Soziales und Governance sowie zu stärkerer Offenlegung
- #8 Berücksichtigung der Nachhaltigkeit in den Aufsichtsvorschriften

Ziel 3: Förderung von Transparenz und Langfristigkeit

- #9 Verstärkte Offenlegung von Unternehmensangaben zur Nachhaltigkeit (CSRD)

- #10 Förderung einer nachhaltigen Unternehmensführung

Da Unternehmen besonders von Aktionsfeld 1 EU-Taxonomie und 9 CSRD betroffen sind, wird auf diese im Folgenden näher eingegangen.

EU-Taxonomie

Die EU-Taxonomie ist ein Rahmenwerk für eine nachhaltige Unternehmensführung, mit dem sich die Nachhaltigkeitsleistung von Unternehmen auf Basis einheitlicher Richtwerte bestimmen und gegenüber den Anspruchsgruppen kommunizieren lässt. Derzeit ist die EU-Taxonomie in ihrem Umfang noch auf die Themen »Klimaschutz« und »Anpassung an den Klimawandel« beschränkt. Die Kriterien für die weiteren Umweltziele und eine soziale Taxonomie sind derzeit in Bearbeitung.

Für die betroffenen Unternehmen hat das zur Folge, dass sie zukünftig ihre Umsätze, Kosten und Investitionen daraufhin untersuchen müssen, wie groß der darin enthaltende »Nachhaltigkeits-Anteil« tatsächlich ist.

Eine Wirtschaftsaktivität ist dann ökologisch nachhaltig, wenn sie einen wesentlichen Beitrag zu mindestens einem der Umweltziele

- Klimaschutz,

- Anpassung an den Klimawandel,

- nachhaltige Nutzung und Schutz von Wasser und Meeresressourcen,

- Übergang zu einer Kreislaufwirtschaft,

- Vermeidung und Verminderung der Umweltverschmutzung oder

- Schutz und Wiederherstellung der Biodiversität und der Ökosysteme

leistet und gleichzeitig keines der anderen Umweltziele erheblich beeinträchtigt. Als drittes Kriterium muss ein Mindestschutz für Arbeitssicherheit und Menschenrechte gewährleistet sein.

Es ist davon auszugehen, dass alle Unternehmen berichten müssen, die zukünftig nach der CSRD berichtspflichtig werden.

Corporate Sustainability Reporting Directive (CSRD)

Ab dem Geschäftsjahr 2025 sind alle »großen« Kapitalgesellschaften nach der CSRD berichtspflichtig (s. Kap. 1). Basis für das Reporting nach der CSRD sind die ESRS (European Sustainability Reporting Standards). In diesen Standards sind folgende Schwerpunkte definiert:

Umwelt

- Klimawandel
- Umweltverschmutzung
- Wasser- und Meeresressourcen
- Biologische Vielfalt und Ökosysteme
- Ressourcennutzung und Kreislaufwirtschaft

Soziales

- Mitarbeitende
- Beschäftigte in der Wertschöpfungskette
- Betroffene Gebiete
- Verbraucher und Endnutzer

Governance

- Geschäftsverhalten

Es wird verpflichtend, über die Nachhaltigkeitsleistung im Lagebericht des Jahresabschlusses zu berichten. Dabei müssen Ziele und Istwerte mit Kennzahlen dargestellt werden. Der Wirtschaftsprüfer muss auch diese nichtfinanzielle Berichterstattung prüfen. Der Mehraufwand im Jahresabschluss und die vertiefte Prüfung dürfte bei vielen Unternehmen zur Ressourcenengpässen führen. Daher ist es von Vorteil, sich frühzeitig auf die neue gesetzliche Regelung vorzubereiten.

Lieferkettensorgfaltspflichtengesetz (LkSG)

Vom LkSG sind ab 2023 Unternehmen ab 3.000 und ab 2024 Unternehmen ab 1.000 Mitarbeitenden in Deutschland betroffen. Betroffene Unternehmen haben sich angemessen zu bemühen, dass es im eigenen Geschäftsbereich und in der Lieferkette nicht zu Verletzungen von Menschenrechten und bestimmten Umweltpflichten kommt. In erster Linie handelt es sich bei den Lieferanten um unmittelbare (=direkte) Zulieferer. Das Unternehmen hat aber auch bei mittelbaren (indirekten) Zulieferern unverzüglich eine Risikoanalyse und Präventiv- und Abhilfemaßnahmen durchzuführen, wenn es Kenntnis von möglichen Menschenrechtsverletzungen oder Verstößen gegen umweltbezogene Pflichten erhält. Kleine und mittlere Unternehmen fallen nicht direkt unter das neue Gesetz, können aber durch ihre Position in der Wertschöpfungskette, beispielsweise als Zulieferer von Großunternehmen, indirekt betroffen sein.

Der Gesetzgeber fordert von den betroffenen Unternehmen:

- Einrichtung eines angemessenen und wirksamen Risikomanagements

- Festlegung einer betriebsinternen Zuständigkeit

- Durchführung regelmäßiger Risikoanalysen

- Verabschiedung einer Grundsatzerklärung

- Verankerung von Präventionsmaßnahmen im eigenen Geschäftsbereich und gegenüber unmittelbaren Zulieferern

- Ergreifen von Abhilfemaßnahmen

- Einrichtung eines Beschwerdeverfahrens
- Dokumentation und Berichterstattung
- Umsetzung von Sorgfaltspflichten in Bezug auf Risiken bei mittelbaren Zulieferern

EU-Lieferkettengesetz (CSDDD)

Die Corporate Sustainability Due Diligence Directive (CSDDD) ist eine EU-Lieferketten-Richtlinie zu unternehmerischen Sorgfalts-pflichten in der Wertschöpfungskette. Die CSDDD geht über den Anwendungsbereich und die Pflichten des deutschen LkSG hin-aus. Das betrifft insbesondere Kinderrechte, Umweltschutz, In-digenen-Rechte und die Ausweitung der menschenrechtlichen Generalklausel. Betroffen sein sollen

- Großunternehmen ab 500 Beschäftigten und einem Mindest-umsatz von 150 Mio. EUR und
- Unternehmen aus Risikobranchen mit hohem Schadenspo-tenzial, wie Textilindustrie, Landwirtschaft oder Rohstoffför-derung ab 250 Beschäftigen und 40 Mio. EUR Jahresumsatz.

Die europäischen Vorschriften sollen für Großunternehmen ab Ende 2026 und für die Unternehmen aus Risikobranchen ab Ende 2028 anzuwenden sein.

Schritt für Schritt zur Nachhaltigkeitssteuerung

Flavia Kruck, Andrea Kämmler-Burrak

Immer mehr Unternehmen haben Nachhaltigkeit als wesentlichen Erfolgsfaktor erkannt und setzen sich mit dem Thema strategisch im Kontext ihres Kerngeschäfts auseinander. In diesem Zusammenhang wird auch die Notwendigkeit gesehen, Nachhaltigkeit in die Unternehmenssteuerung zu integrieren und die Nachhaltigkeitsperformance zu messen und zu kommunizieren. Denn nur was gemessen werden kann, kann auch gesteuert werden.

Aber wo fängt man am besten an? Wie kann Nachhaltigkeit ins eigene Unternehmen integriert werden? Wie kann die erforderliche Transformation sichergestellt werden?

Letztlich lassen sich 7 grundlegende Schritte formulieren. Diese beschreiben den Weg von der strategischen Klärung über die Steuerung bis hin zur erforderlichen Verankerung in der Organisation.

Schritt 1: Ambition definieren und Commitment des Top-Managements sicherstellen

Damit Nachhaltigkeit nicht nur ein Schlagwort bleibt, sondern substanzielle Veränderungen erfolgen können, muss die Thematik in die Unternehmensaktivitäten und -prozesse integriert werden. Die Nachhaltigkeitsstrategie bildet dabei den Rahmen für die Nachhaltigkeitsaktivitäten eines Unternehmens.

Motivation und Ambition klären

Als erstes muss die grundlegende Motivation, weshalb sich das Unternehmen mit dem Thema Nachhaltigkeit beschäftigen möchte, geklärt werden. Wie in Kapitel 2 erwähnt, besteht neben der ethischen Motivation auch eine ökonomische Motivation für Nachhaltigkeit, da sich damit Wettbewerbsvorteile erzielen lassen, die zum langfristigen Unternehmenserfolg beitragen. Daraus lässt sich die übergreifende Ambition ableiten, die wiederum den Ausgangspunkt für die Definition der Nachhaltigkeitsstrategie bildet. So könnte sich z. B. das Unternehmen auf die Einhaltung bestehender und zukünftiger Anforderungen beschränken oder aber eine Vorreiterrolle (übergreifend oder in einzelnen Bereichen) einnehmen wollen.

Nachhaltigkeit im Unternehmenskontext kann dabei aus zwei Perspektiven betrachten werden:

- **Befähigung anderer (Enabling)**: das Unternehmen unterstützt mit seinem Produkt- oder Dienstleistungsangebot andere dabei, nachhaltig zu werden.

- **Eigener Beitrag (Positive Impact)**: das Unternehmen liefert selbst einen Beitrag durch nachhaltiges Wirtschaften.

In diesem Zusammenhang gilt es auch zu klären, ob das Unternehmen eine gezielte Optimierung mit kleineren Veränderungen in einzelnen Bereichen oder eine umfassende Transformation mit einer grundlegenden Veränderung des Geschäftsmodells anstrebt. So kann ein Unternehmen beispielsweise einen Beitrag zur Bekämpfung des Klimawandels leisten, indem es vereinzelte Effizienzmaßnahmen in der eigenen Produktion anstrebt, oder es kann sein gesamtes Produkt- und Leistungsangebot hinsichtlich CO_2-Effizienz anpassen.

Wie beim »klassischen« Strategieprozess ist hierzu eine Klärung der Ausgangslage mit einer Marktanalyse und der Definition der Stärken und Schwächen sowie Chancen und Risiken des Unternehmens erforderlich.

Ein häufig zu beobachtendes Hindernis der Nachhaltigkeitstransformation ist der Mangel an Kapazitäten und Ressourcen. Somit ist das Commitment des Top-Managements, welches Nachhaltigkeit als Business Case versteht, unabdingbar. Dies stellt sicher, dass die notwendigen finanziellen, personellen und technischen Ressourcen bei Bedarf freigegeben werden und die Themen zukünftig umgesetzt werden können.

Schritt 2: Nachhaltigkeitsteam definieren

Je nach Reifegrad, Ambition und Komplexität werden alternative Organisationsformen für die Zielsetzung und Durchführung der Nachhaltigkeitstransformation definiert. Wichtig ist es, mindestens folgende Strukturen zu etablieren:

- Einen **Steuerungskreis**, welcher strategische Entscheide unter Einbeziehung von Geschäftsführung und den Funktionsbereichen/Business Units/Regionen trifft

- Ein **Kernteam**, welches die Themen erarbeitet

- **Expertenkreise**, welche fachliche Expertise für Themen und Prozesse bereitstellen

- **Arbeitsgruppen**, welche die Maßnahmen / Projekte operativ umsetzen

Die Nachhaltigkeitstransformation ist eine funktionsübergreifende Herausforderung – ohne die Mitarbeit unterschiedlicher Unternehmensbereiche kann diese nicht erfolgreich umgesetzt werden (s. Kapitel 6). Diese bringen ihre Kernkompetenzen und unterschiedlichen Sichtweisen ein, ohne zu Nachhaltigkeitsexperten werden zu müssen. Eine bereichs- und regionsübergreifende Zusammenarbeit ist somit entscheidend. Dem Kernteam gehören üblicherweise Vertreter folgender Funktionen an: Strategie/Unternehmensentwicklung, Finanzen und Controlling, HR, Arbeitsschutz & Gesundheitsmanagement, Einkauf, Forschung & Entwicklung, Produktion sowie Compliance.

Schritt 3: Wesentlichkeitsanalyse – Identifikation der wesentlichen Themen

Nachhaltigkeit ist heute ganzheitlich zu betrachten. In einem 360-Grad-Ansatz sind alle drei Säulen »Ökologie«, »Soziales« und »Ökonomie« zu berücksichtigen. Jede der drei Nachhaltigkeitsdimensionen umfasst diverse Themen, welche aber nicht für alle Organisationen gleichermaßen relevant sind.

Unternehmen haben begrenzte finanzielle, personelle und technische Ressourcen. Der Fokus auf ausgewählte Themen ermöglicht eine bessere Verteilung von Investitionen und Ressourcen und ein effektiveres Management der Themen, um so einen maximalen Nutzen (Verringerung der negativen oder Steigerung der positiven Auswirkungen) zu erzielen.

Es gilt also jene Themen zu identifizieren, die für das Unternehmen und seine Stakeholder aufgrund der Branche, des Business Modells wie auch der Unternehmensstandorte relevant sind. Dabei ist die Frage »Wo können wir einen positiven Einfluss ausüben oder dazu beitragen, einen negativen Einfluss zu verringern?« zu beantworten. Die Identifikation und Priorisierung der Themen erfolgt typischerweise anhand einer Wesentlichkeitsanalyse. In Deutschland wird hier im Rahmen der CSRD die doppelte Wesentlichkeit als Prinzip zugrunde gelegt. Die Wesentlichkeitsanalyse erfolgt dann unternehmensspezifisch und umfasst folgende Schritte:

1. Erstellung einer Long-List möglicher Nachhaltigkeitsthemen

2. Einholen der Stakeholder-Erwartungen

3. Assessment Inside-Out-Perspektive und Outside-In-Perspektive

4. Priorisierung der Themen sowie Abbildung in einer Wesentlichkeitsmatrix

Wesentlichkeiten können sich über die Zeit ändern. Was heute wesentlich ist, ist es vielleicht nicht mehr in der Zukunft bzw. was heute unwesentlich ist, kann künftig wesentlich sein. Vor diesem Hintergrund ist es wichtig, die Wesentlichkeitsanalyse in regelmäßigen Abständen zu überprüfen. Bis dato war es üblich, die Wesentlichkeitsanalyse alle zwei bis drei Jahre zu wiederholen. Künftig ist vor dem Hintergrund der neuen Regulatorik und der erforderlichen Prüfung davon auszugehen, dass zumindest eine jährliche Validierung der Wesentlichkeitsanalyse erfolgen sollte.

1. Long-List an möglichen Themen

Startpunkt bildet die Identifikation und Sammlung potenzieller wesentlicher Nachhaltigkeitsaspekte mit dem Ziel, ein möglichst vollständiges Bild potenziell relevanter Themen zu bekommen. Anhaltspunkte ergeben sich u. a. aus Folgendem:

- Analyse der Wertschöpfungskette sowie Stärken und Schwächen des Unternehmens, um kritische Erfolgsfaktoren herauszuarbeiten,

- Durchsicht der aktuellen und zukünftigen Rechtsvorschriften (z. B. Lieferkettengesetz) sowie freiwilliger Standards und Rahmenwerke (z. B. UN SDGs),

- Analyse von allgemeinen und branchenspezifischen Trends (z. B. globale Risiken),

- Review der Nachhaltigkeitspraktiken der wichtigsten Wettbewerber, z. B. mittels Durchsicht der veröffentlichten ESG-Berichte.

Die Long-List umfasst typischerweise 20 – 30 Themen und wird mit internen Fachexperten erstellt, um sicherzustellen, dass diese auf das Unternehmen zugeschnitten ist (z. B. Verwendung von unternehmensspezifischen Begrifflichkeiten). Die Themen sollten dabei MECE (»mutually exclusive and collectively exhaustive«) – auf Deutsch »sich gegenseitig ausschließend und gemeinsam umfassend« – definiert werden, d. h. vollständig, aber überschneidungsfrei sein.

2. Stakeholder-Dialog

In einem nächsten Schritt gilt es, die Perspektiven von internen und externen Stakeholdern zu sammeln. Im Rahmen des Stakeholder-Dialogs geht es darum, die Interessen und Bedürfnisse der Stakeholder zu identifizieren sowie die Entwicklung und Dringlichkeit der Themen einschätzen zu können.

Vorteile des Stakeholder-Engagements

Stakeholder spielen bei der Erarbeitung der Strategie eine Schlüsselrolle, deshalb hat der Einbezug der wichtigsten Stakeholder mehrere Vorteile:

- Er erhöht die Glaubwürdigkeit und stärkt das Vertrauen, was für den Unternehmenserfolg essenziell ist

- Er ermöglicht einen aktiven Lernprozess, in welchem die Herausforderungen des Unternehmens identifiziert und Handlungsoptionen erarbeitet werden können

- Er dient als Frühwarnsystem, indem zukünftige Risiken identifiziert werden

Während das Stakeholder Engagement früher reaktiv ausgerichtet war, geht es heute darum, in einem Dialog Win-win-Lösungen zu erarbeiten.

Typische Stakeholdergruppen

Stakeholder sind alle Interessensgruppen, die

- von den Aktivitäten, Dienstleistungen oder Produkten des Unternehmens betroffen sind oder
- die Zielerreichung des Unternehmens beeinflussen können.

Unternehmen sind mit einer Vielzahl von Stakeholdern mit unterschiedlichen Interessen und Bedürfnissen konfrontiert. Aufgrund zeitlicher, personeller und auch finanzieller Engpässe ist es ratsam, sich beim Stakeholder Engagement auf jene Stakeholdergruppen mit strategischer Bedeutung zu fokussieren. Nach Identifizierung aller Stakeholdergruppen werden diese deswegen anhand der beiden Kriterien »Interesse am Unternehmen« und »Einflussmöglichkeit auf das Unternehmen« priorisiert.

Typische Stakeholdergruppen sind Mitarbeitende, Eigentümer, Kunden, Lieferanten und Investoren. Je nach Branche, Business-Modell und Unternehmensspezifika sind weitere Stakeholdergruppen wie z. B. direkte Anwohner, Logistikpartner oder Behörden von großer Bedeutung. Je nach Wichtigkeit der Stakeholdergruppe kann diese detaillierter betrachtet werden. So könnte ein Unternehmen z. B. die Stakeholdergruppe »Lieferanten« nicht gesamthaft betrachten, sondern unterschiedliche Lieferantenkategorien definieren. Bei internationalen Unternehmen ist es zudem wichtig, auch die regionalen Unterschiede zu berücksichtigen, da Stakeholder in verschiedenen Regionen meist auch unterschiedliche Erwartungen an das Unternehmen stellen.

Durchführung Stakeholder-Engagement

Da Stakeholder-Engagement nicht nur eigens für die Erarbeitung einer (Nachhaltigkeits-)Strategie erfolgt, sondern auch im Rahmen des Tagesgeschäfts, wird in einem ersten Schritt ermittelt, welche Informationen aus früheren Konsultationen verfügbar sind (z. B. Kundenerwartungen aus dem Beschwerdemanagement oder Mitarbeiterbedürfnisse aus durchgeführten Mitarbeiterbefragungen). Anschließend wird die weitere Einbindungsmethode für die priorisierten Stakeholder festgelegt. Die Durchführung des Stakeholder-Engagements kann auf unterschiedliche Arten erfolgen, wobei Interaktionsmethode und Kommunikationskanäle definiert werden müssen:

- **Direkte Methode**, in welcher die Stakeholder unmittelbar befragt werden (z. B. anhand von 1:1 Interviews, Befragungen oder Workshops)

- **Indirekte Methode**, welche ohne Einbezug der Stakeholder erfolgt (z. B. durch Expertenbefragungen, Dokumentenanalyse oder Auswertungen von Social-Media-Daten)

Die direkte Interaktion mit Stakeholdern liefert meist genauere Informationen, ist aber auch ressourcenintensiver. In der Praxis werden daher üblicherweise die Anforderungen und Erwartungen der Stakeholder kurzfristig mittels der indirekten Methode erfasst. Langfristig sollte aber eine Kombination aus beiden Ansätzen in Betracht gezogen werden.

Die gesammelten Informationen werden dann zusammengefasst, strukturiert und sauber dokumentiert, um sie später als Input zur Priorisierung von Themen und zur Entwicklung der Nachhaltigkeitsstrategie zu verwenden.

3. Assessment – Inside-Out und Outside-In

Die in den ersten beiden Schritten identifizierten potenziellen Wesentlichkeitsaspekte sind in diesem Schritt näher zu analysieren und zu prüfen:

- ob sie aus einer **Outside-In Perspektive**, d. h. unter dem Gesichtspunkt der *finanziellen Wesentlichkeit*, oder

- ob sie aus einer **Inside-Out Perspektive**, d. h. unter dem Gesichtsunkt der *Impact Materiality* materiell für das Unternehmen sind.

Die Outside-In Perspektive nimmt dabei externe Aspekte in den Fokus und erfasst die finanziellen Auswirkungen i. S. v. Risiken und Chancen auf das Unternehmen. Sie bezieht sich also auf jene Themen, die einen Einfluss auf die Fähigkeit einer Organisation haben, langfristig Werte zu schaffen. Umgekehrt befasst sich die Inside-Out Perspektive mit den Auswirkungen des Unternehmens auf Umwelt und Gesellschaft. Diese berücksichtigt, dass Unternehmen für Folgen ihrer Geschäftsaktivitäten entlang der gesamten Wertschöpfungskette zur Verantwortung gezogen werden. Somit müssen bei der Analyse der Auswirkungen alle Wertschöpfungsstufen betrachtet werden, d. h. neben den firmeninternen Wertschöpfungsstufen werden auch die vor- und nachgelagerten Aktivitäten (z. B. Transport der eingekauften Rohmaterialien oder Entsorgung der Produkte) analysiert.

Das Assessment kann durch unterschiedlichste Methoden umgesetzt werden wie z. B.:

- Medienanalyse

- Unternehmensinterne Expertenworkshops

- Qualitative Erhebung von Informationen

- Quantitative Analyse, d. h. Sammlung und Auswertung quantitativer KPIs in Bezug auf Nachhaltigkeitsaspekte wie z. B. Emissionen, Wasserverbrauch, etc.

Während bis dato diese Analysen häufig qualitativer Natur waren, wird es künftig immer mehr darauf ankommen, die Einschätzungen hierbei auch substanziell mit Daten und Informationen zu unterlegen.

4. Priorisierung der Themen sowie Abbildung in einer Wesentlichkeitsmatrix

Die Themen der Long-List werden anschließend auf Basis des Assessments anhand definierter Kriterien priorisiert.

> Unternehmen tun sich bei der Priorisierung oftmals schwer, da alle Themen wichtig erscheinen. Auch wenn alle Themen in der einen oder anderen Form ihre Daseinsberechtigung haben, sollte die Analyse deren relative Priorität widerspiegeln und so die wesentlichen Themen von den »übrigen wichtigen« Themen abgrenzen. Ziel ist es, eine Balance zu finden zwischen Fokussierung und allen Ansprüchen gerecht zu werden.

Entsprechend dem Prinzip der doppelten Wesentlichkeit sind bei der Priorisierung die zwei bereits genannten Perspektiven einzeln zu bewerten:

1. Erheblichkeit der Auswirkungen der Geschäftstätigkeiten auf die Umwelt, die Gesellschaft und die Wirtschaft (**Inside-Out Perspektive**)

2. Erheblichkeit der Auswirkungen von Umwelt und Gesellschaft auf das Unternehmen (**Outside-In Perspektive** – sogenannte finanzielle Materialität)

Die Auswirkungen sind dabei

- positiv oder negativ,

- kurz- oder langfristig,

- tatsächlich oder potenziell,

- beabsichtigt oder unbeabsichtigt,

- umkehrbar oder unumkehrbar,

- direkt oder indirekt.

Bei der **Inside-Out Perspektive** (Erheblichkeit der Auswirkungen auf Umwelt und Gesellschaft) werden zur Priorisierung unterschiedliche Aspekte betrachtet:

- *Ausmaß*: wie schwerwiegend ist die Auswirkung?

- *Umfang*: wie weit verbreitet ist die Auswirkung?

- *Unumkehrbarkeit* (bei negativen Auswirkungen): wie schwer ist es, den entstandenen Schaden zu beheben oder wiedergutzumachen?

- *Wahrscheinlichkeit* (bei möglichen Auswirkungen): wie wahrscheinlich sind die potenziellen Auswirkungen?

Für die **Outside-In Perspektive** werden die beiden Kriterien *Ausmaß* und *Wahrscheinlichkeit der Auswirkungen* herangezogen.

So kann beispielsweise das Thema »Emissionen« für ein Unternehmen relevant sein:

- weil es einen hohen CO_2-Fußabdruck aufweist und somit hohe negative Auswirkungen auf die Umwelt hat, weshalb das Thema aus der Inside-Out Perspektive relevant ist und / oder

- weil Klimaneutralität ein Vergabekriterium bei Ausschreibungen ist und das Unternehmen somit Aufträge verliert, wenn es sich nicht um die Thematik kümmert. Aufgrund des finanziellen Risikos ist das Thema in diesem Fall aus der Outside-In Perspektive relevant.

Zwischen den beiden Perspektiven bestehen regelmäßig Abhängigkeiten – signifikante Auswirkungen auf Umwelt oder Gesellschaft können mittel- oder langfristig zu finanziellen Folgen für das Unternehmen führen.

Bei der Priorisierung ist es wichtig, eine langfristige Perspektive einzunehmen und die Dynamik der Themen einzuschätzen: Themen, die aktuell noch nicht wesentlich sind, können es zukünftig werden. Es muss sich also immer die Frage gestellt werden, ob ein Thema an Bedeutung gewinnen oder verlieren wird.

Den Abschluss der Wesentlichkeitsanalyse bildet die Visualisierung. Üblicherweise werden die Ergebnisse als Matrix dargestellt und grafisch aufbereitet (s. Abb. 7).

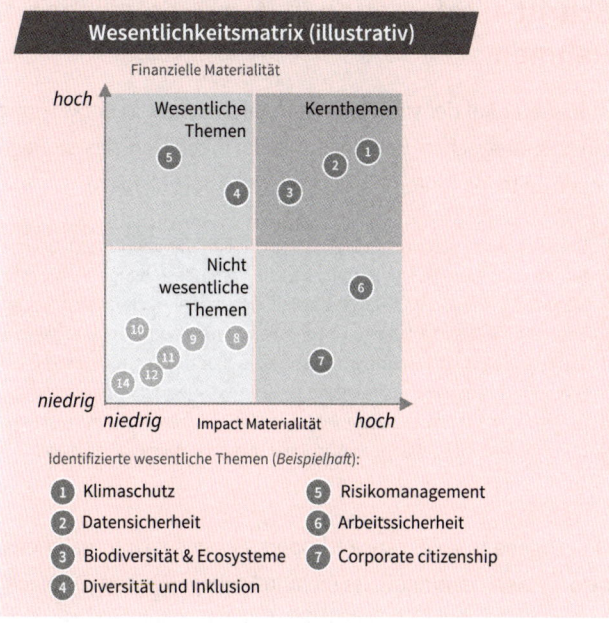

Abb. 7: *Wesentlichkeitsmatrix (illustrativ)*

Das Ergebnis der Wesentlichkeitsanalyse ist eine klare Sicht auf die Themen, die für das eigene Unternehmen wesentlich, d. h. von Bedeutung sind. Die Wesentlichkeitsanalyse liefert damit wichtige Einsichten für das Management und stellt die Ausgangsbasis für eine Nachhaltigkeitsstrategie dar. Mit der Definition der Wesentlichkeitsanalyse ist die erste Phase des Strategieprozesses – die strategische Analyse – abgeschlossen.

Schritt 4: Integration in den strategischen Rahmen

Aufbauend auf der strategischen Analyse folgt die Entwicklung eines strategischen Rahmens mit der Definition des strategischen Leitbilds (Unternehmenszweck, Vision, Mission).

> Die Integration von Nachhaltigkeitsaspekten in die übergeordnete Unternehmensstrategie ist eine wesentliche Voraussetzung für die darauffolgende Definition von Nachhaltigkeitszielen. Ziel muss es sein, keine Stand-alone-Nachhaltigkeitsstrategie, sondern eine um Nachhaltigkeitsaspekte erweiterte Unternehmensstrategie zu formulieren. Nur so ist es u. a. möglich, etwaige Zielkonflikte zwischen ökologischen/sozialen Anforderungen und Wirtschaftlichkeit auszubalancieren und den Entscheidungsträgern eine Orientierung in ihren täglichen Aufgaben zu bieten.

Die sogenannte »Licence-to-operate« eines Unternehmens, also dessen Legitimität, ist nicht in Stein gemeißelt. Da Nachhaltigkeit heutzutage kein »nice-to-have« mehr ist, sondern von den Stakeholdern immer mehr erwartet wird, muss sichergestellt werden, dass die Strategie auch mit gesellschaftlichen Zielen (wie z. B. den UN Sustainable Development Goals) vereinbar ist.

Nachhaltigkeitsaspekte in den Purpose integrieren

Eine effektive Integration setzt dabei direkt am Unternehmenszweck (»Purpose«) an, der die Grundlage für die Existenz eines Unternehmens, d. h. den übergeordneten gesellschaftliche Beitrag (»Warum existiert das Unternehmen«) beschreibt. Ein möglicher Purpose eines Filterherstellers wäre beispielsweise »Wir sorgen für saubere Luft«. Daraus leitet sich dann die Mission des Unternehmens ab, welche die Konkretisierung des Unternehmenszwecks und somit eine Beschreibung des unternehmerischen Handelns (»Was tun wir und für wen?«, »Wodurch sind wir erfolgreich?«) darstellt. Auch die Vision, also das Zukunftsbild des Unternehmens (»In welche Richtung soll sich das Unternehmen entwickeln?« »Was soll langfristig erreicht werden?«), lässt sich so definieren.

Nachhaltigkeitsaspekte in den Unternehmenswerten integrieren

Ein berühmtes Zitat von Peter Drucker lautet: »Culture eats strategy for breakfast«. Dies bedeutet, dass die Kultur des Unternehmens immer über den Erfolg entscheidet, unabhängig davon, wie wirksam eine Strategie ist. Für den Erfolg einer Strategie ist somit der menschliche Faktor in jedem Unternehmen zentral. Es geht also darum,

- wie sich Mitarbeitende in kritischen Situationen verhalten,
- wie sie auf verschiedene Herausforderungen reagieren,
- wie sie mit Kollegen, Partnern und Kunden agieren.

Werte sind dabei das Herzstück einer erfolgreichen Unternehmenskultur. Damit Nachhaltigkeit im Unternehmen gelebt wird, ist es unabdingbar, dass sich Nachhaltigkeit in den Werten des Unternehmens wiederfindet. Diese beschreiben die allgemeinen Verhaltensgrundsätze, nach denen ein Unternehmen agiert

(»Was gilt für uns?«, Was ist uns wichtig?«). Authentisch gelebte Werte – auch bzw. insbesondere auf Führungsebene – sind damit das Fundament einer nachhaltigen Organisation.

Schritt 5: Ziele und Maßnahmen ableiten

Ist die übergeordnete nachhaltige Unternehmensstrategie erstmal definiert, müssen nun klare strategische Stoßrichtungen und konkrete Zielpfade definiert werden. Mit den strategischen Stoßrichtungen werden die Themen weiter eingegrenzt und die Ausrichtung konkretisiert.

Für das Thema »Emissionen« könnte eine strategische Stoßrichtung somit lauten: »Reduktion der Emissionen entlang der gesamten Wertschöpfungskette«. Hierdurch wird der Umfang des Themas klargestellt.

Kurz-, mittel- und langfristige Ziele auf Ebene von Funktionen und Bereichen formulieren

Strategische Ziele sind langfristig und gelten funktionsübergreifend. Pro Thema werden i. d. R. ein bis zwei strategische Ziele definiert, welche dann zur Operationalisierung in kurz- und mittelfristige Ziele weiter konkretisiert werden. Sie müssen in der Unternehmung ergebnis- und marktorientiert schrittweise nach unten kaskadiert werden, damit alle Bereiche und Funktionen auf dasselbe übergreifende Ziel ausgerichtet sind und so zum Gesamterfolg beitragen und helfen, Wettbewerbsvorteile zu sichern.

Sowohl strategische wie auch operative Ziele müssen »**S.M.A.R.T.**« definiert werden:.

- Spezifisch (**S**): Ziele sollten klar definiert sein.

- Messbar (**M**): Die Ziele sollten quantifizierbar sein (absolut oder relativ) und sich auf einen zugrunde liegenden Wert beziehen.

- Akzeptiert (**A**): Die Ziele sollten innerhalb und außerhalb der Organisation akzeptiert sein und das Engagement zeigen, positive Auswirkungen zu erzielen (um Greenwashing zu vermeiden).

- Realistisch (**R**): Die Ziele sollten auf der Grundlage der erwarteten Trends, der Verfügbarkeit der erforderlichen Ressourcen und der Akzeptanz der internen und externen Interessensgruppen erreichbar sein.

- Terminiert (**T**): Die Ziele sollten zeitlich festgelegt werden, d. h. es sollte eine klare Frist für ihre Erreichung gesetzt werden.

Ein S.M.A.R.T definiertes Ziel lautet z. B. »Reduktion der absoluten Emissionen aus Geschäftsreisen um 50 % bis 2025 im Vergleich zu 2019«. Für jedes Thema müssen Ziele definiert werden, auch wenn der Handlungsdruck gering ist. Das Ziel kann z. B. auch die Aufrechterhaltung des Status Quo sein.

Maßnahmen stellen Zielerreichung sicher

Um die Zielerreichung sicherzustellen, sind für die formulierten Ziele geeignete Maßnahmen zu definieren. Diese müssen angemessen geplant und gesteuert werden. Dafür sollte je Maßnahme ein Steckbrief erstellt werden, welcher neben dem erwarteten Nutzen und Aufwand auch die einzelnen Aktivitäten und Meilensteine sowie die Verantwortlichkeiten aufzeigt. Während der Umsetzungsphase einer Maßnahme informiert ein Statusbericht regelmäßig über den Umsetzungsfortschritt und ermöglicht eine zeitnahe Meldung von Abweichungen, um bei Bedarf frühzeitig Gegenmaßnahmen definieren zu können. Die Maßnahmen werden in den jeweiligen Unternehmensfunktionen umgesetzt und sollten immer einen Zielbezug aufweisen. Eine mögliche Maßnahme für das oben beschriebene Ziel ist z. B. die Anpassungen der Reiserichtlinien, um unnötige Reisen zu vermeiden und so den CO_2-Austoß zu verringern.

Schritt 6: Kennzahlen definieren und erheben

Auch bei Nachhaltigkeit gilt: »You can't manage what you don't measure«: Zur Messung, Bewertung und Kommunikation der Zielerreichung bzw. des Umsetzungsgrads der Maßnahmen müssen geeignete Kennzahlen definiert werden. Damit verbunden sind allerdings zahlreiche Herausforderungen:

- Vielzahl an möglichen Kennzahlen

- komplexe Berechnungsmethoden

- mangelnde Datenqualität

Geeignete Kennzahlen identifizieren und auswählen
Externe freiwillige Standards (wie z. B. die GRI Standards oder der UN Global Compact) sowie verpflichtende Regulierungen (z. B. die CSRD) können Anregungen für die Identifikation von

Nachhaltigkeitskennzahlen liefern. Diese für die externe Kommunikation vorgesehenen Kennzahlen können für die interne Steuerung jedoch nur bedingt 1:1 übernommen werden, da sie oftmals eine geringe Steuerungswirkung haben. Aufgrund der teils komplexen und zeitintensiven Datenerhebung stehen die Informationen oftmals nicht zeitnah zur Verfügung. Unternehmen sollen sich für interne Zwecke auf ausgewählte, messbare Kennzahlen fokussieren, die steuerungsrelevant sind und deren Erhebungsaufwand vertretbar ist. Sollte die entsprechende Kennzahl nur schwer zu erfassen sein, können Treiber definiert werden, die in einem kausalen Zusammenhang mit der gewünschten Kennzahl stehen, um das Thema unterjährig zu steuern.

Für die externe Kommunikation müssen z. B. die Scope 1, 2 und 3 Emissionen (s. Kapitel 4) offengelegt werden. Die Erhebung der relevanten Daten und Berechnung der Kennzahlen ist aufwändig und wird meistens nur einmal jährlich durchgeführt. Zur internen Steuerung werden Treiber identifiziert, die einen hohen Einfluss auf die Emissionen haben. Bei einem Unternehmen mit hoher Reisetätigkeit wäre dies z. B. der Anteil Elektrofahrzeuge in der Firmenflotte.

Externe und interne KPIs sind abzustimmen
Zu beachten ist dennoch, dass die externen und internen Kennzahlen aufeinander abgestimmt werden müssen, um den Datenerhebungsaufwand so gering wie möglich zu halten. Um ein einheitliches Verständnis und Berechnung sicherzustellen und eine Vergleichbarkeit über die Zeit und im Unternehmen zu er-

möglichen, müssen die Kennzahlen eindeutig beschrieben werden. Dies beinhaltet unter anderem die Berechnungsformel, die Messeinheit und die Datenquelle(n).

Für die Erhebung, Auswertung und empfängergerechte Bereitstellung der Kennzahlen wird eine adäquate IT-Unterstützung empfohlen, da mit steigenden Anforderungen und Komplexität eine Excel-Lösung oftmals nicht mehr ausreicht. So sehen sich Unternehmen mit einer zunehmenden Anzahl Stakeholdern mit erhöhten Informationsbedürfnissen konfrontiert, was den Berichtsumfang sowie auch die Berichtsfrequenz stark erhöht. Mit einer geeigneten IT-Softwarelösung können der hohe manuelle Aufwand und die Fehleranfälligkeit erheblich reduziert werden.

Schritt 7: Nachhaltigkeit im Unternehmen verankern

Last but not least muss in einem letzten Schritt die Verankerung im Unternehmen sichergestellt werden. In diesem letzten Schritt geht es darum, wirklichen Business Impact zu erreichen und zu gewährleisten, dass die definierten Kennzahlen auch in die Entscheidungsprozesse im Unternehmen Eingang finden und Gegenstand der laufenden Unternehmensführung sind. Hierfür gibt es verschiedene Ansatzpunkte.

Integration in die Steuerungsprozesse

Zum einen müssen Nachhaltigkeitsaspekte in den klassischen Controlling- und Risikomanagement-Kreislauf integriert werden. Bestehende Instrumente und Prozesse sind so anzupassen, dass Nachhaltigkeitschancen und -risiken konsequent quantifiziert und berücksichtigt werden und die Nachhaltigkeitsleistung so aktiv gesteuert werden kann. In allen Instrumenten des Steuerungskreislaufs sollen dabei ökologische und soziale Themen ganzheitlich mit den ökonomischen Zielen, Kennzahlen und Maßnahmen verzahnt werden. Nur so lässt sich eine integrierte Steuerung des strategisch-langfristigen Erfolgs eines Unternehmens sicherstellen.

Basis hierfür bildet ein Kennzahlenset, welches aus finanziellen und nicht-finanziellen Kennzahlen besteht. Für die Verknüpfung von finanziellen und operativen Größen eignen sich zudem auch Werttreiberbaummodelle, die den Zusammenhang der verschiedenen Kenngrößen aufzeigen.

Für eine effektive Steuerung ist es zentral, dass die Nachhaltigkeitskennzahlen nicht nur in das laufende Reporting einfließen, sondern auch in die entsprechenden Zielsetzungs- und Planungsprozesse. Abgeleitet von den strategischen Zielen müssen eine Mehrjahresplanung und ein Budget erstellt werden, welche die Nachhaltigkeitskennzahlen mitberücksichtigen. Durch den Forecast relevanter Nachhaltigkeits-Performance-Treiber wird es zudem möglich, eventuelle Zielabweichungen frühzeitig zu erkennen und notwendige Gegenmaßnahmen zu initiieren.

Zu beachten ist weiterhin, dass die Kennzahlen auf Ebene der relevanten Steuerungseinheiten und der entsprechend relevanten Auswertungsdimensionen definiert und berichtet werden.

Erst so sind Transparenz, Aussagekraft und Steuerungswirkung der Kennzahl gegeben. Betrachtet ein Unternehmen z. B. den Energieverbrauch nur für das gesamte Unternehmen, können daraus keine Rückschlüsse gezogen werden. Wichtig ist es z. B. zu verstehen in welchem Standort oder in welchem Werk die Abweichung zum Plan entstanden ist, um daraus steuerungsrelevante Entscheidungen abzuleiten.

Organisatorische Verankerung

Die feste organisatorische Verankerung von Nachhaltigkeit im Unternehmen ist ein weiterer wesentlicher Erfolgsfaktor. Bei der Institutionalisierung findet man in der Praxis häufig eine Abteilungslösung oder eine Stabsfunktion vor. Zusätzlich wird regelmäßig zur unternehmensweiten Steuerung ein Steuerungs- und Entscheidungs-Gremium vorgesehen.

Um eine effektive und effiziente organisatorische Verankerung sicherzustellen, muss ein klares Rollenverständnis etabliert werden, welches Verbindlichkeit erzeugt. Dafür müssen Aufgaben, Kompetenzen und Verantwortlichkeiten (**AKV-Prinzip**) festgelegt werden:

- **A**ufgaben sind die Handlungen, die ausgeführt / Ergebnisse, die erzielt werden müssen

- **K**ompetenzen sind die notwendigen Befugnisse und Fähigkeiten, die notwendig sind, um die Aufgaben auszuführen

- **V**erantwortlichkeiten sind die (Rechenschafts-)pflichten, die mit der Rolle verbunden sind (z. B. Budget- oder Ergebnisverantwortung)

Aufbau einer nachhaltigen Unternehmenskultur

Prozesse und Strukturen neu zu gestalten reicht jedoch nicht aus, um Nachhaltigkeit erfolgreich im Unternehmen zu implementieren. Vielmehr müssen Führungskräfte und Mitarbeitende ihre Verhaltens- und Arbeitsweisen an den zukünftigen Nachhaltigkeitszielen ausrichten. Um eine erfolgreiche Umsetzung zu gewährleisten, ist jeder einzelne gefragt. Es gilt im Unternehmen eine Kultur zu fördern, die dafür sorgt, dass die Strategie verankert und gelebt wird.

Mitarbeitende müssen sich mit den Leitlinien und Zielen des Unternehmens identifizieren können und diese mittragen. Widerstände gegenüber Veränderungen erfolgen meist aufgrund von

- fehlendem Wissen (mangelndes Problembewusstsein),
- fehlenden Kompetenzen (Angst, den neuen Anforderungen nicht gewachsen zu sein) oder
- fehlenden Ressourcen (Zeit, d. h. Mehraufwand, welches das Thema generiert, aber auch finanzielle oder technische Ressourcen).

Um eine erfolgreiche Transformation sicherzustellen, müssen Mitarbeitende somit:

- das »Warum« verstehen,
- die Unterstützung des Top-Managements erhalten und
- die erforderlichen Fähigkeiten und Kompetenzen erwerben.

Akzeptanz ist zu schaffen

Als erstes sind die Mitarbeitenden für Nachhaltigkeit zu sensibilisieren, um eine unternehmensweite Akzeptanz zu schaffen. Die Auswirkungen auf das Unternehmen sowie die damit verbundenen neuen Strukturen, Prozesse und Rollen müssen verstanden und akzeptiert werden. Dabei ist es wichtig, wie eingangs erwähnt, die Mitarbeitenden frühzeitig einzubinden und das Leitbild gemeinsam zu entwickeln, damit es auch von allen getragen wird. Neben einem offenen und ehrlichen Austausch mit den Mitarbeitenden ist eine regelmäßige Kommunikation zentral, um die Glaubwürdigkeit des Unternehmens sicherzustellen. So müssen beispielsweise auch Misserfolge transparent dargelegt werden.

Leadership-basierte Führungskultur ist aufzubauen und Schulungen sind durchzuführen

In einem weiteren Schritt gilt es eine Leadership-basierte Führungskultur aufzubauen. Dabei müssen sich Führungskräfte nicht nur vorbildhaft verhalten und die Werte des Unternehmens vorleben (»walk the talk«). Sie müssen auch authentisch kommunizieren und es schaffen ihre Mitarbeitenden zu motivieren, ihren Beitrag zu leisten. Das Commitment des Top-Managements kann dabei unter anderem durch die Berücksichtigung von ausgewählten Nachhaltigkeitskennzahlen in der Vergütung verstärkt werden.

Schlussendlich wird der notwendige Kompetenzaufbau durch die Durchführung von Schulungen sichergestellt.

Praxisbeispiele für die ESG-Dimensionen

Andrea Engelien

Um das Thema Nachhaltigkeit greifbarer zu machen, wird im folgenden Kapital jeweils ein Beispiel aus den Bereichen Umwelt, Soziales und Governance beschrieben. Sie erfahren, um was es sich bei den Nachhaltigkeitsschwerpunkten Diversität, Klimawandel und Korruptionsbekämpfung handelt und welche Kennzahlen Sie bilden können.

Soziale Nachhaltigkeit: Diversität

Diversität und Vielfalt im Unternehmen ist eines der Top-Themen in der Nachhaltigkeitskommunikation und -strategieentwicklung geworden. In der öffentlichen Diskussion wird Diversität oft mit »Frauenquote« gleichgesetzt. Diversität im unternehmerischen Kontext ist aber deutlich mehr. Dabei hat sich die Abkürzung DEI durchgesetzt. DEI steht für **D**iversity (Diverität), **E**quity (Gleichbehandlung) und **I**nclusion (Inklusion). Vielfältige Teams sind innovativer und können weitreichende Maßnahmen wie das Überdenken des Produktdesigns, der Lieferkette und die Änderung von Verhaltensweisen innerhalb des Unternehmens oft besser umsetzen.

Diversität kann auch als unternehmerische Vielfalt übersetzt werden. Diversität bedeutet, bewusst eine Belegschaft mit Mitarbeitenden unterschiedlicher Merkmale zu beschäftigen. Zu diesen Merkmalen können beispielsweise Geschlecht, ethnische Zugehörigkeit, Religion, Alter, körperliche Fähigkeiten, politische Ideologien, sexuelle Orientierung oder sozioökonomischer Status gehören.

Inklusive Arbeitsplätze bieten mehr psychologische Sicherheit: Sich sicher zu fühlen ist eine der wichtigsten menschlichen Voraussetzungen für effiziente Leistungen. Wenn sich die Mitarbeitenden im Unternehmen sicher fühlen, können sie ihr wahres Ich bei der Arbeit zeigen und ihre Schwächen ohne Angst vor Konsequenzen offenlegen. Dies steigert die Teamleistung, die Risikobereitschaft und die allgemeine Mitarbeiterzufriedenheit.

Durch die Förderung der **Gleichberechtigung** im Unternehmen wird sichergestellt, dass jede und jeder die gleichen Chancen hat und gleichbehandelt wird. Sie ermöglicht es jedem Einzelnen, sich in vollem Umfang an den Nachhaltigkeitsbemühungen des Unternehmens zu beteiligen. Die Mitarbeitenden fühlen sich wertgeschätzt und gehört und sind daher eher bereit, die Maßnahmen des Unternehmens zu unterstützen und auf ein gemeinsames Ziel hinzuarbeiten.

Warum ist nun DEI wichtig im Unternehmen?

1. DEI fördert Kreativität und innovatives Denken

Homogenität kann ein echtes Problem für Organisationen sein, deren Geschäftsführer und Teams sich aus Personen mit ähnlichem Hintergrund, ähnlichen Fähigkeiten und Ansichten zusammensetzen. Das Team ist dann zwar harmonisch, aber es fehlt an Kreativität und Reibung. Eine Vielfalt von Stimmen fördert die Innovation und die Entstehung neuer Ideen und bringt Unternehmen auf ein neues Niveau.

2. DEI verbessert die Produktivität

Die Produktivität steigt, wenn die Teammitglieder über unterschiedliche Fähigkeiten und Erfahrungen verfügen und gut zusammenarbeiten können. Neue Konzepte können viel schneller umgesetzt werden, wenn ein breites Spektrum an Erfahrungen in die Aufgabenstellung einfließt. Folglich besteht ein eindeutiger Zusammenhang zwischen der Vielfalt und der wirtschaftlichen Leistung eines Unternehmens.

3. DEI hilft, den Wettbewerb um Talente zu gewinnen

Angesichts des Fachkräftemangels ist es wichtig, ein möglichst breites Spektrum an Talenten ansprechen zu können. Wenn Ihr Unternehmen als divers und vielfältig wahrgenommen wird, ziehen Sie Bewerber mit vielfältigen Erfahrungen und Hintergründen an. Auch gilt es, Mitarbeitende zu halten. Diversität bedeutet auch für alte und junge Mitarbeitende, für junge Mütter und Väter usw. attraktiv zu sein.

4. DEI verbessert die Zufriedenheit der Mitarbeitenden

Menschen wollen auch an ihrem Arbeitsplatz authentisch sein können. Nur dann fühlen sie sich wohl. Wir möchten nicht an unserem Arbeitsplatz ein anderer Mensch sein wie in unserer Freizeit. Wenn die Mitarbeitenden bei der Arbeit authentisch sein dürfen, geben sie ihr Bestes und werden zu Botschaftern für die Unternehmensmarke. Das verbessert die Reputation und zieht wiederum Talente an.

5. DEI verbessert die Kundenbindung

Auch Ihre Kunden sind divers. Wahrscheinlich kommen sie aus allen Teilen der Bevölkerung. DEI kann Ihnen einen Vorteil verschaffen, wenn es darum geht, mit Ihrem Markt in Kontakt zu treten. Für den Kunden fühlt es sich gut an, wenn er sich in Bezug auf Geschlecht, Alter, ethnische Herkunft und anderen Kriterien beim Lieferanten gespiegelt sieht.

Wenn Sie von der Wichtigkeit der Diversität in Ihrem Unternehmen überzeugt sind, planen Sie Maßnahmen, um diese zu verbessern und die Belegschaft zu sensibilisieren.

Beispiele:

- Klare Positionierung der Führungskräfte
  Führungskräfte sind Vorbilder und sollten sich daher klar zu Diversität bekennen. Dies können ein Statement auf der Homepage bzw. im Intranet oder eine klare Aussage während einer Betriebsversammlung sein.
- Stellenanzeigen
  Achten Sie in Ihren Stellenanzeigen bewusst darauf, die unterschiedlichsten Menschen anzusprechen.
- Besetzung von Teams
  Versuchen Sie, für Projekte bewusst gemischte Teams zusammenzusetzen.

Am Anfang der Nachhaltigkeitsarbeit sollte sich die Geschäftsführung über ihre Vision zum Thema klar werden. Um die Marschrichtung festzulegen, sind klare lang- und mittelfristige Ziele unverzichtbar. Um Ergebnisse zu messen, benötigen Sie außerdem Kennzahlen, um Plan- und Istwerte darzustellen.

Mögliche **Kennzahlen**, um Diversität der Belegschaft zu messen, sind:

- Durchschnittsalter und Altersstruktur,
- Anzahl der Nationalitäten,

- Frauenanteil,

- Verhältnis des Entgelts von Frauen zu Männern,

- Anzahl Bewerber aus unterrepräsentierten Gruppen,

- Mitarbeiterzufriedenheit,

- Fluktuationsquote,

- Anzahl unbesetzter Stellen,

jeweils bezogen auf die im Unternehmen vorherrschende Managementstruktur.

Ökologische Nachhaltigkeit: Klimaschutz

Aufgrund des fortschreitenden Klimawandels und der damit verbundenen Risiken für Organisationen und die Gesellschaft ist es für Unternehmen zukünftig unerlässlich, eine sogenannte Treibhausgasbilanz (THG-Bilanz) zu erstellen.

Larry Fink, Gründer und Chef von Blackrock Inc., schrieb in einem Brief an die Aktionäre des weltgrößten Vermögensverwalters dieser Welt im Januar 2022:

»Wir haben Nachhaltigkeit ins Zentrum unseres Handelns gerückt. Nicht etwa, weil wir Umweltschützer, sondern weil wir Kapitalisten und Treuhänder unserer Kunden sind«.

Klimaschutz als eines der zentralen Handlungsfelder der ökologischen Nachhaltigkeit wird mit dieser Aussage auf die gleiche Ebene wie die finanzielle Performance gehoben. Aber nicht nur Investoren, auch Mitarbeitende, Kunden und weitere Stakeholder verlangen heute von Unternehmen klare Aussagen, inwieweit sie zum Klimaschutz beitragen.

Deutschland möchte bis zum Jahr 2030 seinen Treibhausgas-Ausstoß gegenüber dem Jahr 1990 um 65 % verringern und bis zum Jahr 2050 um 100 %. Damit leistet Deutschland seinen Beitrag zur Erreichung der Ziele des Klima-Abkommen von Paris, die Begrenzung der Erderwärmung auf deutlich unter 2 Grad zu halten.

Als Unternehmen heute in Klimaschutz zu investieren, wird sich langfristig rechnen. Damit werden Abhängigkeiten reduziert, Risiken minimiert und durch die Reduktion von Treibhausgasen auch finanzielle Anreize geschaffen.

> Im allgemeinen Sprachgebrauch sprechen wir, wenn wir Treibhausgase meinen, von CO_2. Es gibt aber weitere klimaschädliche Gase, die teilweise wesentlich gefährlicher als CO_2 sind. Dank des sogenannten Treibhausgaspotenzials (Global Warming Potential, GWP) ist es möglich den potenziellen Beitrag eines Stoffes zur Erderwärmung relativ zu Kohlendioxid zu bestimmen und Treibhausgase miteinander zu vergleichen. In einer Treibhausgasbilanz werden die Emissionen in CO_2-Äquivalente umgerechnet und ausgewiesen.

Es lohnt sich, zum Einstieg die Treibhausgasbelastung des eigenen Unternehmens zu ermitteln. Dafür hat sich das Greenhouse

Gas Protokoll (GHG) durchgesetzt, welches die Emissionen in drei Scopes unterteilt. Für eine Unternehmens-THG-Bilanz sind auf jeden Fall die Scope 1- und Scope 2-Emissionen zu erfassen.

- Die Scope 1-Emissionen sind die direkten Emissionen aus der Unternehmenseinrichtung (vor allem Heizung) und dem Fuhrpark (Benzin, Diesel etc.).

- Die Scope 2-Emissionen resultieren aus den indirekten Emissionen aus bezogener Energie, vor allem durch den Bezug von Strom.

- Bei Scope 3 sind die wesentlichen Emissionen der vorgelagerten und nachgelagerten Aktivitäten zu erfassen (s. Abb. 8) Die wesentlichen Emissionen sollten im Rahmen eines Workshops ermitteln werden. Empfehlenswert sind hierbei auf jeden Fall die Dienstreisen und die Mitarbeiteranfahrten zu betrachten, weil dadurch auch Impulse an die Mitarbeitenden gegeben werden. Oftmals beginnen Mitarbeitende ihre privaten Emissionen zu hinterfragen.

Übrigens liegt der durchschnittliche CO_2-Ausstoß eines Deutschen bei 11 Tonnen pro Jahr. Für die Erde verträglich wären 1,5 Tonnen. Der in Euro umgerechnete Umweltschaden von einer Tonne CO_2 wird vom Umweltbundesamt auf 200 Euro geschätzt.

Auch produzierter Abfall und Transport sind Emissionen des Scope 3 mit großen Reduktionspotenzialen, die sehr schnell auch einen finanziellen Impact erzeugen.

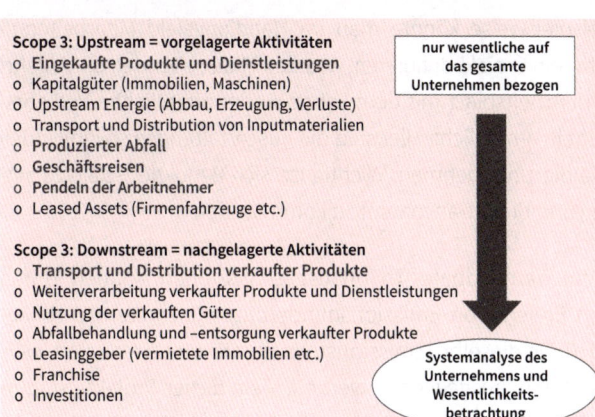

Abb. 8: *Analyse von relevanten Scope 3-Bestandteilen*

Ist die Berechnung vorhanden geht es daran, die Emissionen zu reduzieren und zu monitoren. Ganz im Sinne eines PDCA-Zyklus.

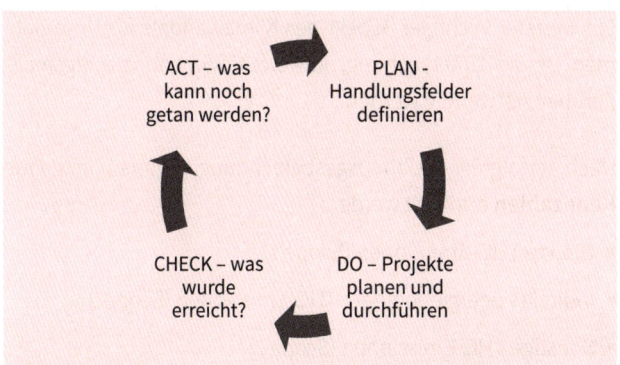

Abb. 9: *Der PDCA-Zyklus*

Beispielsweise könnte man im Handlungsfeld Mitarbeiteranfahrt ein Projekt definieren, was den Mitarbeitenden die Anfahrt zum Arbeitsplatz mit dem Fahrrad oder öffentlichen Verkehrsmitteln ermöglicht. Hier sind die Ausgestaltungen so individuell wie die Unternehmen. Wichtig ist, sich Reduktionsziele zu setzen und diese transparent zu kommunizieren.

Nicht vermeidbare Treibhausgasemissionen können durch den Erwerb von Emissionsminderungsgutschriften (Zertifikate) über dieselbe Emissionsmenge, die nicht reduziert werden kann, ausgeglichen werden. Viele dieser Projekte sind in Schwellen- und Entwicklungsländern angesiedelt und liefern dort einen zusätzlichen Nutzen. Beispielsweise senken Investitionen in Solarkocher nicht nur die Emissionsmenge, sondern bekämpfen ebenfalls Armut und Hunger. Allerdings gilt immer der Grundsatz, dass erst reduziert werden soll, bevor kompensiert wird.

Ein weiterer wichtiger Aspekt des Klimawandels für Unternehmen ist die Untersuchung, inwieweit Klimaanpassungsmaßnahmen notwendig werden.

Nach erfolgter Treibhausgasberechnung können folgende **Kennzahlen** ermittelt werden:

- Direkte THG-Emissionen (Scope 1)
- Indirekte energiebedingte THG-Emissionen (Scope 2)
- Sonstige THG-Emissionen (Scope 3)

- Intensität der THG-Emissionen beispielsweise im Verhältnis zum Umsatz

- Umfang der Senkung der THG-Emissionen beispielsweise durch die Umstellung auf Öko-Strom

Governance: Korruptionsbekämpfung

Governance bedeutet auf Deutsch Führungsverhalten oder Steuerung. Damit sind alle Maßnahmen gemeint, um eine Organisation zu leiten und zu überwachen. Governance berücksichtigt somit die Art und Weise, wie ein Unternehmen seine Geschäfte führt. Eine einheitliche Begriffsdefinition gibt es bisher nicht.

Beispiele für Governance sind:

- Generelle strukturelle Verankerung des Themas Nachhaltigkeit in dem Unternehmen

- Bekämpfung von Korruption und Bestechung

- die Steuerstrategie des Unternehmens (in welchem Land werden Unternehmenssteuern bezahlt)

- Integration von Nachhaltigkeitszielen in die Vergütung und die Richtlinien für Führungskräfte

- Datenschutz und damit auch verbunden die Frage, wie Daten von Geschäftspartnern und Mitarbeitenden geschützt werden

- Monitoring von Menschenrechtsverletzungen in der Lieferkette und Einrichtung von Beschwerdemechanismen

- Risikomanagement und insbesondere die Abschätzung von wirtschaftlichen Risiken, die durch das Geschäftsmodell entstehen können. Dabei sind die langfristige Ausrichtung des Unternehmens gemeint und die Frage, ob das Geschäftsmodell tragfähig ist für kommende gesellschaftliche und ökologische Veränderungen.

Korruption bedeutet etwas anzubieten oder etwas zu geben, um einen unzulässigen Vorteil zu erlangen. Beim Geben kann es sich um Geld handeln – sei es in Form von Bargeld oder Überweisungen; aber auch um Sachleistungen wie ein Upgrade von Flugtickets, Reisen, Sponsoring, Spenden oder unklare Beschäftigungsverhältnisse. Der dadurch erlangte Vorteil kann viele Formen annehmen, beispielsweise ein Vertragsabschluss, die Weitergabe von Informationen oder eine andere Vorzugsbehandlung.

> Korruption ist sowohl das Anbieten als auch das Annehmen von Vorteilen.

Korruptionsbekämpfung im Unternehmen ist wichtig, weil damit große Risiken verbunden sind. Verträge, die durch Korruption zustande gekommen sind, sind rechtlich unwirksam. Ein an die Öffentlichkeit gekommener Korruptionsvorfall führt zu einem großen Reputationsschaden. Außerdem ist Bestechung in Deutschland strafbar.

Ein **Antikorruptionsprogramm** hat für Unternehmen viele Vorteile. Wenn das Unternehmen für Integrität bekannt ist, erhöht sich beispielsweise die Möglichkeit, öffentliche Aufträge zu bekommen.

Ein zentrales Instrument der Korruptionsprävention ist ein **Verhaltenskodex (Code of Conduct)**. Dieser enthält die Regeln, nach denen sich die Mitarbeitenden richten sollen, um der Gefahr von Korruption zu entgehen. Er sollte klarmachen, dass diese Regeln verbindlich sind und dass bei Nichtbefolgung mit Sanktionen zu rechnen ist. Außerdem sollte eine Stelle benannt werden, an die die Mitarbeitenden sich wenden können, wenn sie Zweifel über die Auslegung der Regeln haben oder vor unklaren Situationen stehen. Der Verhaltenskodex sollte jedem Mitarbeitenden ausgehändigt werden und die Mitarbeitenden sollten darin geschult werden.

In Ihrem Verhaltenskodex können Sie beispielsweise regeln, bis zu welchen Höchstgrenzen Geschenke angenommen werden dürfen und in welcher Höhe Sie Geschäftsreisekosten Ihrer Kunden übernehmen. Außerdem können Sie Sponsoring klar und transparent regeln.

Stellen Sie sicher, dass Ihren Mitarbeitenden die Risiken durch Korruption bewusst sind. Bieten Sie Schulungen zur Korruptionsprävention an und stellen Sie klar, welche Konsequenzen eine Nichtbeachtung des Antikorruptionsprogramms nach sich zieht.

Kennzahlen zur Korruptionsbekämpfung sind:

- Anzahl der Betriebsstätten, die auf Korruptionsrisiken geprüft wurden
- Prozentsatz der Mitarbeitenden, die eine Schulung zur Korruptionsbekämpfung erhalten haben
- Gesamtzahl und Art der bestätigten Korruptionsvorfälle
- Gesamtzahl der bestätigten Vorfälle, in denen Verträge mit Geschäftspartnern aufgrund von Verstößen im Zusammenhang mit Korruption gekündigt oder nicht verlängert wurden
- Verfahren im Zusammenhang mit Korruption, die gegen die Organisation oder deren Angestellte eingeleitet wurden

Welche Rolle haben die Führungskräfte?

Andrea Kämmler-Burrak

Nachhaltigkeit ist eine Führungsaufgabe, so dass insbesondere die Führungskräfte im Unternehmen bei der Integration von Nachhaltigkeit gefordert sind. Es stellt sich daher die Frage: Was müssen Führungskräfte wissen und können, um dieser neuen Aufgabe gerecht zu werden?

Neben den klassischen Kompetenzen einer Führungskraft kommt es bei Nachhaltigkeit insbesondere auf zwei unterschiedliche Kompetenzfelder an:

- Fachliche Kompetenz: Nachhaltigkeits- und unternehmensübergreifendes Fachwissen
- Soziale Kompetenz: Beziehungsmanagement, Kommunikation und Motivation

Die Welt im Wandel – Neue Anforderungen an Führungspositionen

Insbesondere die sozialen Kompetenzen treten durch sich wandelnde gesellschaftliche Erwartungen, eine zunehmende Unsicherheit und Komplexität des wirtschaftlichen Umfelds und eine wachsende Wertschätzung des Humankapitals in den Vordergrund und führen zu einer erheblich veränderten Rolle und Verantwortung von Führungskräften.

Zum einen steigen die moralischen Erwartungen an Führungskräfte. Es geht hier um den sog. »Tone at the Top«. Vorstand und Managementteam dürfen Nachhaltigkeit nicht nur als Lippenbekenntnis betrachten, sondern müssen dieses »leben«. Zum anderen gilt vor allem das Verhalten von Führungskräften als entscheidender Faktor, der das Wohlbefinden und Verhalten der Mitarbeitenden maßgeblich beeinflussen kann.

Damit entwickelt sich die Rolle der Führungskraft weg von einer reinen Delegations- und Entscheidungsfunktion hin zur Rolle des »**People Managers**«. Hierbei besteht das Hauptziel der Führungskräfte darin, die Mitarbeitenden positiv zu beeinflussen, sodass diese ihr volles Potenzial ausschöpfen können. Auch sollen diese ihr Handeln an den Strategien, Missionen und Wertesystemen des Unternehmens ausrichten.

Um den Einstieg in eine nachhaltige Unternehmensführung zu stützen und den neuen Anforderungen gerecht zu werden, besteht die Rolle von Führungskräften insbesondere darin:

- den Überblick zu behalten,
- Schnittstellen und Beziehungen im Unternehmen und außerhalb des Unternehmens zu pflegen,
- eine positive Vorbildfunktion einzunehmen,
- die Mitarbeitenden zu motivieren und zu inspirieren,
- die Zufriedenheit und Gesundheit der Mitarbeitenden sicherzustellen,
- die Angst vor Veränderungen zu nehmen und die Mitarbeitenden unterstützend durch den Transformationsprozess zu begleiten.

Fachkompetenz: Prozesse, Regeln und Wertschöpfungskette

Grundsätzlich bedarf es eines entsprechenden Basiswissens über Nachhaltigkeit. Hier sind zum einen unternehmensübergreifende Fachkenntnisse zu Umwelt-, Energie-, Ressourcenmanagement sowie Regulatorik gefragt. Zum anderen aber auch ein Verständnis der für das Unternehmen relevanten Themen aus den Bereichen Umwelt und Soziales und eine gewisse Kenntnis der internen Prozesse und Belange.

Darüber hinaus sind Kompetenzen erforderlich, die ein Denken hin zur Organisation als Teil eines Wertschöpfungsnetzwerkes stärken, anstelle diese als isolierte Einheit zu betrachten. Dies ist wichtig, um beurteilen zu können, welche positiven und negativen Folgen die eigenen Unternehmensaktivitäten haben können, aber auch um ableiten zu können, aus welchen gesellschaftlichen Entwicklungen sich Chancen und Risiken für das eigene Unternehmen ergeben können.

Soziale Kompetenz: Nachhaltiges Mindset und Kompetenzen

Neben der Fachkompetenz ist insbesondere bei den Führungskräften soziale Kompetenz gefragt. Um den geänderten Anforderungen gerecht zu werden, müssen Führungskräfte zunächst einmal selbst ein nachhaltiges Mindset sowie die notwendigen Kompetenzen aufbauen. Nur so können sie den Mitarbeitenden als Unterstützung und als Vorbild dienen.

Dazu gehört zum einen ein ausgeprägtes Systemdenken. Dies zeigt sich in einem breiten Verständnis von Ökosystemen und vor allem der damit verbundenen Beziehungen zwischen dem Unternehmen und den beteiligten Ökosystemen. Außerdem sollten Führungskräfte dabei die unterschiedlichen Perspektiven aller beteiligter Stakeholder kennen und verstehen.

Zudem spielen die eigene Integrität sowie die eigenen ethischen und moralischen Werte wie Respekt, Aufrichtigkeit, Menschlichkeit und Gerechtigkeit eine wesentliche Rolle.

Es werden weiter benötigt: Langfristiges Denken, Komplexitätsmanagement sowie eine unvoreingenommene Entscheidungskompetenz. Diese ermöglichen das Treffen von rationalen und fairen Entscheidungen. Außerdem ist es wichtig, Situationen identifizieren zu können, in denen Entscheidungen durch kognitive Verzerrungen beeinflusst werden. Entsprechende Schulungen und Debiasing-Trainings können hier Abhilfe schaffen.

Mit Authentizität führen und Vorbildfunktion einnehmen

Häufig werden Führungskräfte als Vorbild wahrgenommen, deren Verhalten von den Mitarbeitenden adaptiert wird (»Soziales Lernen« genannt). Mitarbeitende, die von ihren Vorgesetzen ein ethisches und respektvolles Verhalten erfahren, werden sich selbst entsprechend gegenüber Kollegen und Mitarbeitenden auf unteren Hierarchieebenen verhalten. In ähnlicher Weise werden Mitarbeitende, die ihre nach nachhaltigen Werten agierenden Führungskräfte als Vorbild sehen, deren nachhaltige Verhaltensweisen adaptieren. Wichtig dabei: Authentisch bleiben!

Eine Grundvoraussetzung, dass Mitarbeitende die Verhaltensweisen ihrer Führungskräfte adaptieren, ist, dass diese auch tatsächlich als Vorbild wahrgenommen werden.

Eine authentische Führungskraft

- kennt ihre eigenen Werte, Stärken und Schwächen,
- bindet die Meinungen ihrer Mitarbeitenden in Entscheidungsprozesse ein,
- geht mit eigenem Vorbild voran und
- stellt die Ziele des Teams vor eigene Interessen.

Um als authentische Führungskraft wahrgenommen zu werden, sollte man sich folglich als ersten Schritt seiner eigenen Werte, Stärken und Schwächen bewusst werden. Diese können aus dem nachhaltigen Mindset abgeleitet werden und Werte wie Respekt, Gerechtigkeit und Umweltbewusstsein beinhalten.

Des Weiteren sollte man stets auch selbst handeln, wie man es anderen vorgibt (lead by example). Dabei ist es wichtig, stets konstruktives, aber auch ehrliches Feedback zu übermitteln und ebenso eigene Fehler eingestehen zu können. Aufgaben der Mitarbeitenden mit anzugehen, kann auch dabei helfen die Authentizität zu erhöhen. Schließlich können Führungskräfte sich selbst vertrauenswürdige und authentische Mentoren suchen, um von deren authentischen Führungsstilen zu lernen.

Mitarbeiter motivieren, inspirieren und begeistern

Eine nachhaltige Transformation in Unternehmen kann mit viel Anstrengung verbunden sein. Umso wichtiger ist es, dass Führungskräfte in der Lage sind, ihr Team ausreichend zu motivieren und dem gemeinsamen Ziel mit Leidenschaft, Enthusiasmus und Optimismus entgegenzugehen. Außerdem sollten Führungskräfte imstande sein, ihre Mitarbeitenden zu inspirieren und deren Kreativität zu fördern, sodass diese ausreichend Innovationskraft an den Tag legen können.

Führungskräfte haben Nachhaltigkeit entsprechend mit Leidenschaft und Energie gegenüberzustehen, um die Mitarbeitenden für diese Aufgabe begeistern zu können. Visionen und Ziele sollten ansprechend präsentiert und kommuniziert werden und somit Motivation und Produktivität im Team steigern (»inspirierende Motivation«). Es ist ratsam, die Belange der Teammitglieder herauszufinden und sich genügend Zeit dafür zu nehmen, bei beruflichen und persönlichen Weiterentwicklungen sowie dem Wunsch zur Selbstverwirklichung unterstützend und beratend zur Seite zu stehen.

Mitarbeiterzufriedenheit und Gesundheit unterstützen

Gelebte, nachhaltige Werte bei Führungskräften können sich nachweislich positiv auf Emotionen und Wohlbefinden der Belegschaft auswirken. Wie zahlreiche Untersuchungen aus der Psychologie zeigen, trägt das Wohlbefinden eines Mitarbeitenden zu dessen physischer und mentaler Gesundheit, Kreativität und Motivation bei. Außerdem bestärken positive Emotionen die Beziehungen zwischen Mitarbeitenden und Führungskräften bzw. dem Unternehmen.

Legen die Führungskräfte eine positive Verhaltensweise an den Tag, wird sich dies auf die Resilienz der Belegschaft auswirken. Auch wird es die Zufriedenheit mit dem Arbeitgeber erhöhen. Dafür sollten Führungskräfte dabei vor allem bereits erwähnte Werte leben. Zudem sollten sie selbst über ausreichend Optimismus und Resilienz verfügen, um bei ihren Mitarbeitenden selbst positive Emotionen und Zufriedenheit auszulösen.

Zu Vorgesetztenverhalten, das bei Mitarbeitenden zu Zufriedenheit führt, zählt eine respektvolle Interaktion. Das heißt, den

Mitarbeitenden respektvoll, wertschätzend und auf gleicher Augenhöhe zu begegnen. So entsteht eine ehrliche Kommunikation, die konstruktives Feedback beinhaltet. Auch das Aufzeigen von ehrlichem Interesse und Unterstützung ist förderlich. Eine gerechte und ausgewogene Entscheidungsfindung sowie das Formulieren klarer Zielsetzungen tragen ebenso zu mehr Zufriedenheit bei.

Transformationsängste nehmen

Wie bereits aufgeführt, ist die nachhaltige Transformation mit Anstrengung, Unsicherheit und Veränderung verbunden. Diese Belastungen bergen das Potenzial, negative Emotionen wie Ärger, Angst oder Ablehnung bei den Mitarbeitenden eines Unternehmens auszulösen. Um dem entgegenzuwirken, sollten Führungskräfte in der Lage sein, ihren Mitarbeitenden die Angst vor dem Transformationsprozess zu nehmen und sie unterstützend durch den Wandel zu führen. Vor allem eine transparente Kommunikation sowie eine ehrliche Darstellung der Sachlage können dazu führen, dass der Transformationsprozess als gerechter wahrgenommen wird. So lässt sich die Akzeptanz der Veränderung erhöhen. Außerdem kann ein positives und unterstützendes Führungsverhalten negative Emotionen abpuffern. Somit lässt sich die Motivation und Produktivität der Mitarbeitenden während und nach einem Transformationsprozess aufrechterhalten.

Welche Rolle kommt den Funktionsbereichen im Unternehmen zu?

Peter Sattler, Andrea Kämmler-Burrak

Wenn es um eine so umfassende Aufgabe wie Nachhaltigkeit geht, ist es klar, dass es ein Einzelner allein nicht schaffen kann. Es braucht ein Team – ein Team mit gemeinsamen Werten und gemeinsamen Zielen. Während früher Nachhaltigkeit oftmals als isoliertes Thema betrachtet und eher als nachträglicher Gedanke behandelt wurde, hat sich in den letzten Jahren eine stärker integrierte Sicht durchgesetzt. Dies folgt der allgemeinen Erkenntnis, dass eine erfolgreiche Umsetzung von Nachhaltigkeitsaspekten einer Verankerung im Kerngeschäft bedarf. Zudem ist eine crossfunktionale Zusammenarbeit über die gesamte Unternehmensstruktur hinweg nötig. Neben einer aktiven Einbindung der Geschäftsführung ist damit eine zentrale Governance-Struktur gefordert, die eine abteilungsübergreifende Steuerung der Umsetzung von Nachhaltigkeitsaspekten sicherstellt.

Mitwirkung der verschiedenen Unternehmensbereiche

Beispiel: Entwicklung einer Dekarbonisierungsstrategie

Viele Unternehmen haben sich verpflichtet, Klimaneutralität zu erreichen. Ein Schritt ist hierbei die Reduktion der eigenen direkten Emissionen und des Energieverbrauchs im Tagesgeschäft. Hierfür müssen auch bestehende Prozesse neu bewertet sowie die Lieferkette betrachtet werden. So sind neben den Bereichen, die Emissionen direkt und kurzfristig beeinflussen können, wie z. B. Produktion oder Einkauf, auch Funktionen zu involvieren, die für eine langfristige Umsetzung unabdingbar sind. Hier sind z. B. Forschung & Entwicklung, das Produktmanagement sowie die Geschäftsleitung anzuführen. Des Weiteren sind i. d. R. das Nachhaltigkeitsmanagement selbst sowie der Finanzbereich in die erfolgreiche Orchestrierung, Planung und Steuerung eingebunden. Aber auch weitere Funktionen wie z. B. Investor Relations sind für die Sicherstellung einer adäquaten Kommunikation und die Erfüllung der Offenlegungsverpflichtungen zu involvieren.

Es wird deutlich: Nachhaltigkeit muss ganzheitlich betrachtet werden und eine Vielzahl von Bereichen und Funktionen leisten ihren Beitrag.

Die meisten Unternehmen strukturieren ihre Nachhaltigkeitsarbeit entlang verschiedener Handlungsfelder. Sie zeigen damit die Positionierung des Unternehmens in Bezug auf wesentliche Themen auf und nutzen die Handlungsfelder zur Formulierung von Zielen sowie Ableitung von Aktivitäten. Im Rahmen der inhaltlichen Definition der Handlungsfelder erfolgt regelmäßig eine thematische Zuordnung im Unternehmen.

Aber welche Rolle kommt welchem Bereich bzw. welcher Funktion im Unternehmen typischerweise im Kontext der Nachhaltigkeit zu? Diese Frage soll im Folgenden beantwortet werden.

Abbildung 10 zeigt die vereinfachte Zuordnung, welche im Weiteren pro Bereich näher beschrieben wird.

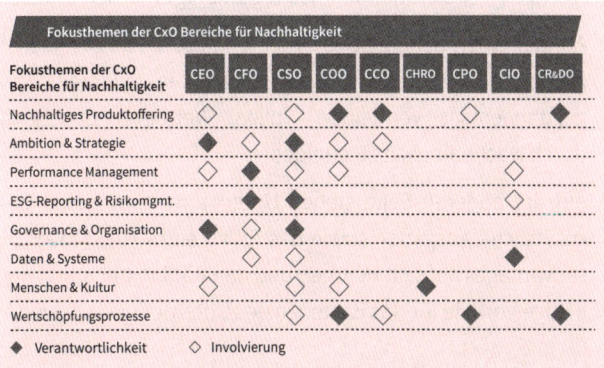

Fokusthemen der CxO Bereiche für Nachhaltigkeit									
Fokusthemen der CxO Bereiche für Nachhaltigkeit	CEO	CFO	CSO	COO	CCO	CHRO	CPO	CIO	CR&DO
Nachhaltiges Produktoffering	◇		◆	◆				◇	◆
Ambition & Strategie	◆	◇	◆	◇	◇				
Performance Management	◇	◆	◇	◇				◇	
ESG-Reporting & Risikomgmt.		◆	◆					◇	
Governance & Organisation	◆								
Daten & Systeme			◇	◇				◆	
Menschen & Kultur	◇			◇	◇	◆			
Wertschöpfungsprozesse			◇	◆	◇				◆
◆ Verantwortlichkeit ◇ Involvierung									

Abb. 10: *Fokusthemen der Unternehmensbereiche im Kontext von Nachhaltigkeit*

Geschäftsführung

Funktionen: Unternehmensstrategie – Konzernkommunikation – M&A

Die Geschäftsführung (CEO in Abb. 10) ist häufig in der Funktion des Antreibers, des Kommunikators und des Dirigenten. Sie bestimmt wesentlich den sog. »Tone at the Top«. Nicht selten liegt in der Praxis im Geschäftsführungsbereich auch die Verantwortung für das Ressort Nachhaltigkeit.

Definition der Ambition

Die Kernaufgabe der Geschäftsleitung bzw. des CEOs besteht darin, die strategische Ambition des Unternehmens hinsichtlich Nachhaltigkeit festzulegen. In der unternehmerischen Praxis bewegen sich hier die Unternehmen regelmäßig zwischen 2 Polen:

- Auf der einen Seite gibt es Unternehmen, die ausschließlich gesetzliche Mindestanforderungen erfüllen möchten, bzw. gegebenenfalls vermeiden wollen, Wettbewerbsnachteile durch Nachhaltigkeit zu erleiden.

- Auf der anderen Seite stehen Unternehmen, die kurzfristig zusätzliche Ausgaben sowie das Risiko eines First Mover Disadvantages auf sich nehmen und dafür auf mittel- und langfristige Vorteile für das Bestehen des Unternehmens setzen.

Integration in die Unternehmensstrategie

Neben der Ambition hat die Geschäftsführung die Vorgaben und die Integration von Nachhaltigkeit in die Unternehmensstrategie zu gestalten. Während früher zumeist nur eine isolierte Nachhaltigkeitsstrategie entwickelt wurde, die in der übergreifenden Unternehmensstrategie kaum Resonanz gefunden hat, werden Nachhaltigkeitsthemen heute immer stärker in die Unternehmensstrategie integriert. Der Purpose des Unternehmens, bzw. der ökologische und soziale Impact werden zunehmend dem ökonomischen Erfolg des Unternehmens beigestellt. Eine Detaillierung im Sinne einer funktionsübergreifenden Nachhaltigkeitsstrategie ist zudem sinnvoll.

Berücksichtigung bei M&A Aktivitäten

Auch im Rahmen von M&A Aktivitäten finden Nachhaltigkeitsfaktoren zusehends Berücksichtigung. Bei Akquisitionen werden neben technischen und kommerziellen Aspekten im Rahmen einer Due-Diligence-Prüfung zunehmend der Fit zu den eigenen Nachhaltigkeitszielen analysiert und in die Bewertung aufgenommen. Auch beim Verkauf von Unternehmensbestandteilen werden die Nachhaltigkeitsziele berücksichtigt.

Kommunikation mit Stakeholdern

Der externen Kommunikation kommt zumeist eine wichtige Rolle im Nachhaltigkeitsmanagement zu. So sind Stakeholder des Unternehmens über die eigenen Vorhaben, Ziele, Maßnahmen und Fortschritte im Bereich Nachhaltigkeit bestmöglich zu informieren. Das Motto »*tue Gutes und rede darüber*« findet hier Anwendung. Gleichzeitig ist aber eine Balance zu halten, um jeden Anschein von Greenwashing tunlichst zu vermeiden.

Finance, Controlling, Risikomanagement

Funktionen: Controlling – Accounting – Risikomanagement – Investor Relations – Treasury

Die Rolle des Finanzbereichs (CFO in Abb. 10) wird bezüglich Nachhaltigkeit in vielen Unternehmen unterschiedlich ausgelegt. Während sich der Finanzbereich auf der einen Seite oftmals reaktiv zeigt, übernimmt er in anderen eine sehr aktive Rolle in der Steuerung des Themas.

Entwicklung zum Sustainability Performance Manager

Die Horváth CFO Studie 2022 zeigt deutlich, dass von einer zunehmenden Bedeutung des Themas Nachhaltigkeit für den CFO Bereich ausgegangen werden kann. Drei Viertel aller CFOs glauben, dass Nachhaltigkeit für ihren Bereich in Zukunft von großer Bedeutung sein wird.

Die Hälfte der befragten CFOs sieht sich in Zukunft als *»Sustainability Performance Manager«,* der die Integration von Nachhaltigkeit in das Performance Management vorantreibt. Andere Rollen, die weniger Beteiligung von CFOs einfordern, verlieren hingegen künftig an Bedeutung (s. Abb. 11).

Der CFO wird einen aktiven Part in der Nachhaltigkeitstransformation der Unternehmen einnehmen

Mögliche Rollen	Aktuelle Rolle (%)		Zukünftige Rolle (%)
Sustainability Avoider Keine aktive Teilnahme in der Gestaltung	9%	↘	4%
Sustainability Reporter Transparenz und Einhaltung von Standards	41%	↘	16%
Sustainability Controller Risikomanagement und Initiativenmanagement	31%	↘	28%
Sustainability Performance Manager Integration in das Corporate Performance Management	8%	↗	50%

Abb. 11: *Die künftige Rolle des Finanzbereichs für Nachhaltigkeit*

Der Finance Bereich baut seine Involvierung auf seinen wesentlichen Kernkompetenzen auf, die er für die Bewältigung seiner anderen Aufgaben benötigt. Insbesondere sind hier zu nennen:

- das Management von Daten,

- die Dokumentation bis zum Reporting,

- die Sicherstellung der externen Prüfungstauglichkeit.

Auch die steuernde Begleitung der Strategieoperationalisierung und -implementierung prädestiniert den Finanzbereich dafür, eine wichtige Rolle für Nachhaltigkeit einzunehmen.

Nachhaltigkeitsberichterstattung

Eine wesentliche Aufgabe des Finance-Bereichs ist die Veröffentlichung von Geschäftsberichten unter Berücksichtigung der regulatorischen Offenlegungspflichten. Im Bereich Nachhaltigkeit sind diese definiert in der Non-Financial Reporting Directive (NFRD), der EU-Taxonomieverordnung, sowie der künftig anzuwendenden CSRD. Letztere rückt die Nachhaltigkeitsberichterstattung auf Augenhöhe mit der Finanzberichterstattung. Für diese Aufgabe ist ein klar definiertes Zusammenspiel mit dem Nachhaltigkeitsbereich von zentraler Bedeutung.

Controlling: Nachhaltigkeitssteuerung

Das Controlling kann eine zentrale Rolle in der Nachhaltigkeitssteuerung einnehmen. Die Kompetenz, mit nicht-finanziellen Kennzahlen sowie mit teilweise unstrukturierten Daten zu arbeiten, ist eine wichtige Voraussetzung. Die Verknüpfung der finanziellen Planung mit Nachhaltigkeitsthemen und -kennzahlen sowie die Integration in das Managementreporting sind zentrale Aktivitäten des Controllings.

Accounting: Datenmangement

Das Accounting ist bisweilen noch kaum in Berührung mit dem Thema Nachhaltigkeit gekommen. Wenn man aber davon ausgeht, dass ERP-Systeme künftig eine zunehmend wichtige Rolle bei der automatisierten Erfassung und Kalkulation von Nachhaltigkeitskennzahlen einnehmen werden, wird auch die Bedeutung des Accountings perspektivisch zunehmen.

Risikomanagement: Identifikation, Bewertung und Steuerung von Risiken und Chancen

Dem Risikomanagement kommt insbesondere durch die Vorschriften der CSRD und der EU-Taxonomieverordnung *(Klimarisiken- und vulnerabilitätsanalyse),* aber auch durch risikoorientierte Ansätze, wie z. B. der *Task Force for Climate Related Financial Disclosure (TCFD),* eine veränderte Rolle zu. Während sich im Risikomanagement oftmals auf mittelfristige, finanzielle Risiken konzentriert wurde, stehen bei der Nachhaltigkeit langfristige, nicht-finanzielle Risiken im Kontext von ESG im Fokus.

Investor Relations und Treasury: Kommunikation mit Kapitalgebern und Ratingagenturen

Investor Relations sieht sich bei der Nachhaltigkeit ebenso zunehmender Komplexität gegenüber. So hat der Trend zur Nachhaltigkeit auch längst die Dialoge mit Banken, Kapitalgebern und Ratingagenturen erreicht. Während bisher die ökonomischen Kennzahlen allein im Vordergrund standen, werden nun Impact-orientierte Informationen (z. B. Corporate Carbon Footprint) relevant. Auch Auskünfte zum Umgang mit einzelnen Nachhaltigkeitsthemen wie (z. B. Dekarbonisierungs-Roadmaps) werden verstärkt nachgefragt und sind Gegenstand des regelmäßigen Dialogs.

In der Unternehmensfinanzierung, gesteuert durch Treasury, bieten sich zunehmend zahlreiche Optimierungsoptionen für nachhaltige Unternehmen an. Verschiedene Finanzierungsinstrumente mit vorteilhaften Konditionen für nachhaltige Unternehmen können durch Treasury genutzt und so die Finanzierungskraft des Unternehmens gestärkt werden.

Nachhaltigkeitsabteilung

Funktionen: Nachhaltigkeitsmanagement – ESG Strategie – ESG Reporting – ESG Projektportfoliomanagement

Eine eigens geschaffene Nachhaltigkeitsabteilung (CSO in Abb. 10) bündelt zahlreiche Verantwortungen des Nachhaltigkeitsmanagements und hat eine starke, koordinierende Rolle. Eine direkte Verantwortung ist zumeist über folgende Tätigkeiten definiert:

- **Trendradar für Nachhaltigkeitsthemen:** Beobachtung von Entwicklungen im Nachhaltigkeitsmanagement bzw. Anforderungen von definierten Stakeholdern, insbesondere des Regulators sowie Ableitung von Aktivitäten für das eigene Unternehmen.

- **Definition der ESG-Strategie:** Im Zusammenspiel mit der Definition der Unternehmensstrategie werden die wesentlichen Themen des Unternehmens im Rahmen einer Materialitätsanalyse priorisiert. Basierend auf diesen Themen wird eine Nachhaltigkeitsstrategie für das Unternehmen konzipiert. Diese hat sowohl Einfluss auf das Produkt- und Service-Offering des Unternehmens als auch auf die Wertschöpfungsprozesse sowie die grundlegende Ausrichtung des Nachhaltigkeitsmanagements. Eine integrierte Operationalisierung der Strategie mithilfe von Zielen, KPIs, Maßnahmen und Verantwortlichkeiten ist Voraussetzung für die erfolgreiche Implementierung. Strategische Entscheidungsfindungen werden i. d. R. in einem eigenen Komitee unter Beteiligung der Geschäftsleitung getroffen.

- **Koordination in der Strategieumsetzung:** Gemeinsam mit verschiedenen Funktionen sowie ggf. Business Units werden die Aktivitäten zur Strategieumsetzung gesteuert und Transparenz über den Umsetzungsgrad der Maßnahmen sichergestellt.

- **ESG Reporting:** Im Zusammenspiel mit der Finanzorganisation sind alle mit dem Reporting verbundenen Aktivitäten abzuwickeln. Dazu zählen sowohl das interne Reporting ausgewählter Nachhaltigkeitskennzahlen, das Erfüllen regulatorischer Offenlegungspflichten, sowie die Teilnahme bzw. Berücksichtigung freiwilliger Standards und Ratings.

Abbildung 12 zeigt schematisch, wie eine Nachhaltigkeitsorganisation aufgebaut sein kann, die alle Steuerungs- und Entscheidungsprozesse abdeckt. Es ist klar ersichtlich, dass das

Nachhaltigkeitsmanagement sowohl auf aufbauorganisatorischen Bausteinen als auch auf einer ausgeprägten Sekundärorganisation in Gremien und Arbeitsgruppen beruht. So wird die Umsetzung von Querschnittsmaterien sichergestellt.

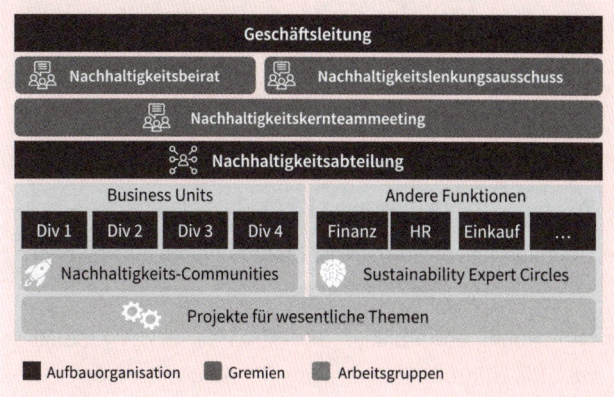

Abb. 12: *Schematische Nachhaltigkeitsorganisation*

Produktion, Supply Chain Management und Logistik

Funktionen: Supply Chain Management – Logistik – Produktionsmanagement

Naturgemäß hat die Produktion (COO in Abb. 11) einen entscheidenden Part in den Nachhaltigkeitsbemühungen von produzierenden Unternehmen. Dies trifft insbesondere auf die Themen der Dekarbonisierung, sowie der Kreislaufwirtschaft zu. Die Produktion verfügt über unmittelbare Hebel, um kurz- und mittelfristig Verbesserungen in diesen Themen zu erzielen. Bei der langfristigen Ausrichtung, wie z. B. bei der Entwicklung von Dekarbonisierungsstrategien oder der Entwicklung nachhaltiger Produkte, ist die Produktion ebenso einzubinden.

Typische Hebel sind unter anderem:

- Energieeffizienz in Gebäuden, wie z. B. Fertigungshallen oder Lager
- Nachhaltige Eigenenergieerzeugung und Speicherung vor Ort
- Ressourcenschonung durch Bestandsoptimierung
- Optimierung von Fertigungsprozessen durch die Anwendung von Smart Production Ansätzen
- Vermeidung von Abfällen und Abwasser in der Produktion bzw. Rückführung im Sinne einer Kreislaufwirtschaft
- Verwendung nachhaltiger Verpackungsmaterialien
- Auswahl nachhaltiger Transportmodi in der Logistik und insbesondere die Optimierung der letzten Meile
- Gute Konditionen für Mitarbeitende hinsichtlich Würdigung der Menschenrechte sowie Gesundheit und Arbeitssicherheit

Vertrieb

Funktionen: Vertrieb – Marketing – Produktmanagement

Der Vertriebsbereich (CCO in Abb. 11) wird oftmals nicht primär mit Nachhaltigkeit in Verbindung gebracht. Allerdings bilden gerade der Vertrieb und das Marketing die Schnittstelle zu einem der wichtigsten Stakeholder der Unternehmen und Treiber von Nachhaltigkeit: dem Kunden. Darüber hinaus ist auch das Produktmanagement oftmals dem Vertriebsbereich zugehörig und gerade hier liegt die Verantwortlichkeit für die Gestaltung nachhaltigerer Produkte und Dienstleistungen.

Kundenanforderungen identifizieren

In der Horváth CFO-Studie von 2022 geben 58 % der befragten Unternehmen an, dass Kunden das Thema Nachhaltigkeit aktiv einfordern. Das gilt sowohl für den B2B- wie auch für den B2C-Bereich. In allen Sektoren steigen die Kundenanforderungen hinsichtlich nachhaltiger Produkte und Services, wenngleich die Nachfrage nach nachhaltigen Produkten oft den geäußerten Anforderungen und Wünschen hinterherhinkt. Vor dem Hintergrund des Risikos von Greenwashing ist verantwortungsvolles Marketing insbesondere für viele B2C-Bereiche ein wesentliches soziales Thema.

Das Produktmanagement spielt eine wichtige Rolle, dem Wunsch der Verbraucher nach nachhaltigeren Produkten nachzukommen und mehr nachhaltige Produkte in den Markt zu bringen. Aufgabe des Produktmanagements ist es, die Auswirkungen von Produkten auf Umwelt, Wirtschaft und Gesellschaft zu analysieren, die negativen Auswirkungen zu minimieren und, soweit wie möglich, auch nachhaltigkeitsfördernde Auswirkungen zu stärken. Neben Eigenschaften bzw. Funktionen des Produktes, ist das Sicherstellen der Zurückverfolgbarkeit von

Produkten und Materialien, die Verpackung aber auch die End of Life-Handhabung von Relevanz. In diesem Kontext spielen mittlerweile auch Produktlabels oder sektorspezifische Produktzertifizierungen als Nachweis für Kunden eine immer größere Rolle.

Personal (HR)

Funktionen: Recruiting – Personalentwicklung – Unternehmenskultur & Change

Dem Personalwesen (CHRO in Abb. 11) kommt zumeist eine hohe Bedeutung bei der Verantwortung sozialer Themen zu. Insbesondere die Berücksichtigung von Nachhaltigkeit im Employer Branding, die Attraktivitätssteigerung des Unternehmens für Talente auf dem Arbeitsmarkt sowie das Thema Chancengerechtigkeit, oftmals als DEI (Diversity, Equity and Inclusion) bezeichnet, werden i. d. R. durch den HR-Bereich verantwortet.

Change-Agent

Eine weitere Herausforderung, die zumeist durch den HR-Bereich gelöst werden soll, ist das Change-Management hinsichtlich Nachhaltigkeit. Dabei sind zwei Faktoren von besonderer Bedeutung:

- Zum einen werden **Entscheidungsprozesse** in Unternehmen deutlich verändert. Z. B. werden bei Investitionsentscheidungen nicht mehr allein finanzielle Kennzahlen berücksichtigt, sondern auch ökologische oder soziale Impactkriterien.

Entscheidungsräume werden damit multidimensional und so wird die Komplexität in der Entscheidungsfindung deutlich erhöht. Führungskräfte müssen daher den Umgang mit Unsicherheit hinsichtlich ökologischer und sozialer Kriterien in ihren alltäglichen Entscheidungen verbessern.

- Zum anderen lässt sich in vielen Unternehmen eine mehr oder weniger stark ausgeprägte Lagerbildung rund um das Thema Nachhaltigkeit beobachten. Ein Lager, zumeist jüngere Mitarbeitende, sehen Nachhaltigkeit als vorrangiges Thema des Unternehmens, sind hoch motiviert selbst Veränderungen herbeizuführen und fordern diese Einstellung auch von der Unternehmensführung ein. Auf der anderen Seite stehen zumeist ältere Mitarbeiter, die dem Thema Nachhaltigkeit distanzierter gegenüberstehen und auch wenig Verständnis für das Thema aufbringen.

Diese Kultur der zwei Lager sucht nach Brücken, die durch Change Management zur Verfügung gestellt werden können. Dabei geht es insbesondere darum, das zweite Lager zu informieren und gleichzeitig zu motivieren, um den Beitrag des Unternehmens zu verstehen und selbst einen Beitrag leisten zu wollen.

In der bisherigen Betrachtung des Themas Nachhaltigkeit kommt dem Change Management eine geringe Rolle zu. Zunehmend zeigt sich aber, dass gerade interne Widerstände und fehlende Expertise die Nachhaltigkeit eines Unternehmens ausbremsen können. Insofern wird sich die Rolle des HR-Bereichs in Zukunft dahingehend verändern müssen, diesem Bedarf nachzukommen.

Einkauf

Funktionen: Einkaufsmanagement – Lieferantenmanagement

Der Einkauf (CPO in Abb. 11) hat eine tragende, wenngleich auch schwierige Rolle im Kontext der Nachhaltigkeit. Er wird insbesondere von drei Anforderungen in einen Zielkonflikt gebracht.

- Erstens muss die **Materialverfügbarkeit** sichergestellt werden, die seit Beginn der Covid-19 Pandemie im Jahr 2020 für viele Warengruppen nach wie vor als kritisch einzustufen ist.

- Zweitens muss der Einkauf in der Phase eines erwarteten konjunkturellen Abschwungs und in einer Zeit mit Rekordinflation, **Kostensteigerungen** so gut wie möglich abfedern.

- Drittens müssen die beschafften Waren und Dienstleistungen auch **nachhaltig** beschafft werden.

Der Einkauf muss also mehrere Herausforderungen zugleich bewältigen. Diese dritte Anforderung wird auch durch regulatorische Bemühungen verstärkt, wie dem LkSG in Deutschland bzw. auf EU-Ebene die CSDDD.

Entlang der Einkaufsprozesse sollte der Einkauf fünf Aktivitäten verfolgen, um für Transparenz in der Lieferkette und für nachhaltige Warenströme in das Unternehmen zu sorgen.

1. Die Lieferantenqualifikation muss sicherstellen, dass alle Lieferanten Mindeststandards im Bereich Nachhaltigkeit erfüllen.

2. Nachhaltigkeitskriterien müssen in den technischen Spezifikationen von angefragten Materialien und Dienstleistungen in Ausschreibungen berücksichtigt werden.

3. Nachhaltigkeitskriterien müssen auch in den Vergabekriterien berücksichtigt werden.

4. Mit Lieferanten werden Maßnahmen zur Verbesserung ihrer Nachhaltigkeit vereinbart (insbesondere bei wichtigen Lieferanten, auf die ein gewisser Druck ausgeübt werden kann).

5. Vertragsmechanismen müssen vorgesehen werden, um den eigenen Verhaltenskodex für Lieferanten (Code of Conduct) zu gewährleisten, Auditierungen zu erlauben sowie um Strafen im Fall der Nichterfüllung von Kriterien durchsetzen zu können.

IT-Bereich

Funktionen: IT-Infrastruktur – Applikationsmanagement – Datenmanagement

Dem Bereich der IT (CIO in Abb. 11) kam in der Vergangenheit in erster Linie eine Rolle rund um den Begriff der »Green IT« zu, die sich vor allem auf Nachhaltigkeit in der IT-Infrastruktur und in den IT-Services konzentriert hat. Heute und zukünftig wird sich diese Rolle deutlich verändern. Nachhaltigkeit wird aufgrund der Berichtspflichten, aber auch aufgrund der Steuerungsbedarfe in der diversen Themenvielfalt zunehmend datengetrieben und rückt somit mehr in die Aufmerksamkeit der CIOs.

Datenintegration und -automatisierung

Zu den Hauptaufgaben zählt die Gestaltung des Datenmodells des Unternehmens bzw. die Integration von Nachhaltigkeitsdaten. Auch die Auswahl und Implementierung von Applikationen und Systemen zur Speicherung, die Verarbeitung und Analyse von Nachhaltigkeitsdaten, sowie deren Verknüpfung mit Bestandssystemen sind hochrelevant. Die Automatisierung von transaktionalen, datengestützten Prozessen soll stark nachgefragte Mitarbeiter aus repetitiver Arbeit herauslösen und so jenen Unternehmen, die eine Digitalisierung ihrer Nachhaltigkeitsbemühungen vorantreiben, einen Vorteil verschaffen.

Forschung und Entwicklung

Funktionen: Forschung & Entwicklung – Innovationsmanagement

Der Bereich Forschung & Entwicklung (CR&DO in Abb. 11) hat naturgemäß eine Schlüsselrolle, wenn es um die mittel- und langfristige Entwicklung des Unternehmens geht. Das ist im Bereich der Nachhaltigkeit nicht anders. Unternehmen aus Sektoren, die sich aufgrund der Klimaziele der europäischen Union dramatisch verändern müssen, z. B. die Stahl- oder Automobilindustrie, investieren massiv im Bereich Forschung & Entwicklung, um ihr Produkt- und Service-Offering nachhaltig zu gestalten. Dabei stehen insbesondere zwei ökologische Themen im Mittelpunkt der Bemühungen:

- Die Entwicklung klimaneutraler Technologien sowie

- die Entwicklung ressourcenschonender Produkte und Prozesse. Die Ressourcenschonung soll durch einen geringen Ressourcenverbrauch, insbesondere von seltenen Materialien, sowie durch die Kreislauffähigkeit der Produkte sichergestellt werden.

Wer übernimmt die Gesamtverantwortung?

Nachhaltigkeit ist ein Teamsport und viele spezifische Funktionen müssen einen Beitrag leisten. Diese sollten aber auch immer von der Führungsebene mitgetragen werden. Dementsprechend muss in der Geschäftsführung oder im Vorstand regelmäßig eine Person die Gesamtverantwortung übernehmen und sicherstellen, dass Nachhaltigkeit bei strategischen Unternehmensentscheidungen berücksichtigt wird. Für die Gesamtverantwortung für Nachhaltigkeit auf Unternehmensebene konnte sich in der Praxis bisher kein Modell durchsetzen. Stattdessen gibt es verschiedene Varianten, die je nach Situation sinnvoll sein können:

- **Verankerung in der Geschäftsführung:** Hohe Relevanz bei tief einschneidenden Transformationen, die auch Veränderungen im Geschäftsportfolio nach sich ziehen. Eine enge Zusammenarbeit mit der Abteilung für Unternehmensstrategie wird so sichergestellt.

- **Verankerung in der Finance-Abteilung:** Für Unternehmen von hoher Bedeutung, die das Thema Nachhaltigkeit an die Kapitalmarktkommunikation binden möchten.

- **Verankerung in der Produktion**: In technologiegetriebenen Transformationen kann diese Variante durch die Nähe zu den eigenen Wertschöpfungsprozessen sinnvoll sein.

- **Verankerung in eigener Nachhaltigkeitsverantwortlichkeit:** Ein eigener Geschäftsführer für Nachhaltigkeit ist derzeit nur selten zu finden und vor allem in Betracht zu ziehen, wenn dem Thema kommunikativ besondere Bedeutung zugeordnet werden soll. Die große Herausforderung in dieser Variante ist, die Durchsetzungskraft für diese Position auf Geschäftsführungsebene bei komplexen Entscheidungsprozessen sicherzustellen.

- **Geteilte Gesamtverantwortung:** Eine häufige Variante, die insbesondere für Unternehmen Relevanz besitzt, die für Nachhaltigkeit keine eigene Aufbauorganisation etablieren, sondern auf eine reine Sekundärorganisation vertrauen. Aber auch wenn Nachhaltigkeit gesamthaft verantwortet wird, ist eine klare Zuordnung von Verantwortlichkeiten auf Aktivitätenlevel unbedingt erforderlich.

Welche Herausforderungen gilt es bei der Umsetzung zu beachten?

Andrea Kämmler-Burrak

Für eine erfolgreiche Umsetzung von Nachhaltigkeit im Unternehmen und eine entsprechende Kommunikation und Berichterstattung gibt es einige Aspekte zu beachten:

- Kommunizieren und zeigen Sie ein klares Commitment und vernetzen Sie sich!

- Nutzen Sie mögliche Managementsysteme und Zertifizierungen, um grundlegende Governance Strukturen und Prozesse zu etablieren und nach außen nachweisen zu können!

- Schaffen Sie Transparenz im ESG-Dschungel! Sorgen Sie für eine klare Sprache im Unternehmen und nutzen Sie die für Sie relevanten Standards!

- Nutzen Sie Ratings, um die Außenwirkung zu verstärken, Wettbewerbsvorteile zu generieren und günstige Finanzierungsmöglichkeiten zu heben!

Commitment zeigen und Glaubwürdigkeit erhöhen

Wenn Sie sich auf den Weg zu einem nachhaltigen Unternehmen machen, sollten Sie dies authentisch nach außen kommunizieren. Freiwillige Selbstverpflichtungen sind hier ein starkes Signal.

UN Global Compact: Der UN Global Compact – ein branchenübergreifender, weltweiter Pakt zwischen der UNO und über 15.000 Firmen, funktioniert nach diesem Prinzip. Unternehmen verpflichten sich hierbei gemeinsam für mehr Nachhaltigkeit und Fairness zu sorgen und können damit Ihre Glaubwürdigkeit und ihren Markenwert fördern, indem Sie ihr Engagement für die gemeinsamen Prinzipien und Ziele zeigen.

Deutscher Nachhaltigkeitskodex (DNK): Auch der Deutsche Nachhaltigkeitskodex ist ein freiwilliges Rahmenwerk. Um dem DNK zu entsprechen, erstellen Unternehmen eine Erklärung und veröffentlichen diese anschließend in der entsprechenden, frei zugänglichen Datenbank. Diese Erklärung basiert auf einem Kriterienkatalog, dessen 20 Kriterien auf Basis der GRI und anderer Rahmenwerke entstanden sind und deren Einhaltung mit der Veröffentlichung garantiert wird.

Managementsysteme und Zertifizierungen nutzen

Managementsysteme können Unternehmen helfen Prozesse und Leistungen nachhaltiger zu gestalten und gleichzeitig dies nach außen einfach nachweisen und kommunizieren zu können. So verwundert es nicht, dass in der Praxis häufig davon Gebrauch gemacht wird und auch Ratingagenturen gerne auf entsprechende Nachweise abstellen. Im Kontext der Nachhaltigkeit sind insbesondere die nachfolgenden Managementsysteme von Relevanz:

ISO 14001: Die ISO14001 ist das internationale Pendant zum europäischen Umweltmanagementsystem und ist die global bedeutendste Vorgabe bzgl. der Inhalte und Beschaffenheit von Umweltmanagementsystemen in Unternehmen. Im Rahmen des Managementsystems werden Zuständigkeiten, Ablauforganisation, gesetzliche Vorschriften und deren Umsetzung, Verhaltensregelungen festgehalten, um negative Umweltauswirkungen auf ein Minimum zu reduzieren. In Deutschland sind mehr als 4000 Unternehmen nach ISO 14001 zertifiziert.

EMAS: EMAS ist das europäische Umweltmanagementsystem – auch bekannt als EU-Öko-Audit. Kern bildet eine Veröffentlichung einer Umwelterklärung, die sich im Wesentlichen auf die Umwelt, die Umweltleistung und die Umweltziele bezieht. Diese muss jährlich aktualisiert und durch einen Umweltgutachter auf Richtigkeit überprüft werden. Die EMAS schließt auch die Anforderungen der ISO 14001 mit ein.

ISO 45001: Die ISO 45001 setzt das Arbeitsschutz- und Gesundheitsmanagementsystem um. Hier werden Aspekte der Arbeitssicherheit innerhalb der betrieblichen Prozesse, die Arbeitsbedingungen und die -umgebung im Unternehmen definiert und festgelegt.

ISO 50001: Energiemanagement hat auch entsprechenden Bezug zur Nachhaltigkeit. Die ISO 50001 soll dazu beitragen die Abläufe von Unternehmen auf eine nachhaltige Energieversorgung auszurichten und enthält viele zusätzliche Anforderungen mit Blick auf Energieleistung, -beschaffung und -nutzung, die nicht durch die ISO 14001 abgedeckt sind.

SA8000: Die SA8000 ist eine Möglichkeit für Unternehmen, sich zertifizieren zu lassen und nachzuweisen, dass die Mindestanforderung an Sozial- und Arbeitsstandards gemäß der Vereinten Nationen und der internationalen Arbeitsorganisation ILO erfüllt werden.

Transparenz schaffen und klare »Sprache« etablieren

Soll die Integration von Nachhaltigkeit gelingen, ist es unerlässlich einen guten Überblick und Kenntnis zu bestehenden Rechtsvorschriften, Standard, Rahmenvorschriften und Bewertungsmethoden zu haben. Müssen doch die Nachhaltigkeitsziele und -fortschritte für alle Beteiligten »verständlich« und »greifbar« sein.

Dies fällt im Kontext der Nachhaltigkeit vor dem Hintergrund der Vielzahl der Rahmenwerke, Ansätze und Empfehlungen und deren Dynamik besonders schwer.

Seit 1992 hat sich die Zahl der Anforderungen an die Unternehmensberichterstattung in Bezug auf ESG-Themen verzehnfacht. »Reporting Exchange«, die umfassendste Plattform für

Nachhaltigkeitsberichterstattung, führt derzeit

- 2.225 Berichtsleitfäden (»reporting provisions«),
- 1.424 Indikatoren,
- 1.172 Organisationen und
- 652 Ratings, Rankings und Indexe

auf. Stellt man einen Vergleich mit der finanziellen Berichterstattung an – mit den zwei dominanten globalen Rahmenwerken IFRS und US GAAP – wird klar, welche Herausforderung sich Unternehmen hier gegenübersehen.

Große Unternehmen berichten aktuell typischerweise in Übereinstimmung mit mehreren Nachhaltigkeitsstandards, was zu Doppelspurigkeit und erhöhten Ressourcenaufwänden führt. Eine Konsolidierung ist unumgänglich und zum Glück bereits im Gange. Regierungen und Standardsetter haben die Nachfrage nach einer einheitlichen Regulatorik erkannt und arbeiten an einer Vereinheitlichung – sowohl auf europäischer als auch auf globaler Ebene.

Für Europäische Unternehmen werden künftig insbesondere die Nachhaltigkeitsberichterstattung nach CSRD inkl. EU-Taxonomie im Vordergrund stehen und die damit verbundenen neuen ESRS im Fokus stehen (s. Kapitel 1 und 2). Für eine Vielzahl von Unternehmen wird künftig damit auch eine parallele Anwendung weiterer Standards wie z. B. GRI und SASB an Bedeutung verlieren.

Im nachfolgenden eine kurze Auflistung wesentlicher Standards und Rahmenwerke, welche bisher im Buch noch nicht erläutert wurden:

ESRS: Die ESRS definieren die Inhalte im Rahmen der Berichtspflicht nach der CSRD. Die ESRS Satz 1 wurden am 24.11.2022 als finale Entwürfe der Kommission übergeben, werden im Juni 2023 als delegierte Verordnungen wirksam und somit verpflichtend innerhalb der EU zu beachten sein. Die ESRS enthalten in den vorgelegten 12 Standards insgesamt 84 Offenlegungspflichten, mit über 1000 qualitativen und quantitativen Datenpunkten.

International Financial Reporting Standards Sustainability Disclosure Standards (IFRS SDS): Im März 2022 veröffentlicht, zielen die IFRS SDS auf die Erstellung eines globalen und universellen Nachhaltigkeitsberichtsstandards ab. Wie die IFRS Accounting Standards die finanzielle Berichterstattung in der Vergangenheit harmonisiert haben, sollen nun die IFRS SDS die fragmentierten nichtfinanziellen Berichterstattungsstandards zusammenbringen. Derzeit bestehen die IFRS SDS aus zwei

Entwürfen mit insgesamt 97 Offenlegungspflichten: den allgemeinen Anforderungen für die Offenlegung von nachhaltigkeitsbezogenen Finanzinformationen und den klimabezogenen Offenlegungen.

Sustainability Accounting Standards Board (SASB)*:* Lanciert im Jahr 2018, ist SASB neben GRI zu einem führenden Rahmenwerk für Nachhaltigkeitsberichterstattung aufgestiegen. Besonders hervorzuheben sind die bei SASB sehr umfangreichen industrie-spezifischen Offenlegungsvorschriften: für 77 verschiedene Industrien werden durchschnittlich sechs freiwillige Offenlegungsvorschriften aufgeführt.

International Integrated Reporting (IIR)*:* Herausgebracht im Jahr 2013, bietet IRR einen freiwilligen allgemeinen Berichterstattungsrahmen, der Kapitalgebern aufzeigt, wie ein Unternehmen Wert schafft, erhält oder erodiert. Das Besondere an IRR ist, dass keine spezifischen Leistungsindikatoren, Messmethoden oder die Offenlegung einzelner Sachverhalte vorgeschrieben werden. Stattdessen wird gefordert, die Berichterstattung um sieben Prinzipien und acht breit gehaltene inhaltliche Elemente aufzubauen. Da IRR seit August 2022 Teil der IFRS Foundation ist, ist zu erwarten, dass IRR in den aktuelleren IFRS SDS aufgehen wird.

Science Based Targets initiative (SBTi): 2015 etabliert, fokussiert SBTi darauf, Unternehmen bei der Erreichung der Klimaziele zu helfen. 2021 entwickelte SBTi den ersten Net-Zero Standard der Welt. SBTi zeichnet sich dadurch aus, dass Unternehmen anhand eines Kriterienkatalogs mehr oder minder selbstständig Klimaziele setzen. Diese werden bei der SBTi eingereicht, den Stakeholdern kommuniziert und regelmäßig verfolgt. 2021 verdoppelte sich die Zahl der Firmen, die Klimaziele oder Klimaverpflichtungen setzten.

Task Force on Climate-related Financial Disclosures (TCFD): 2017 veröffentlicht, konzentrieren sich die Empfehlungen der TCFD auf die finanziellen Risiken, die sich aus dem Klimawandel ergeben. Anders als beispielsweise GRI, überlässt die TCFD offenlegenden Unternehmen beträchtlichen Spielraum und beschränkt sich auf elf Offenbarungsempfehlungen, die über die vier Themenfelder »Governance«, »Strategie«, »Risikomanagement« und »Metriken und Ziele« verteilt sind. Trotz ihrer freiwilligen Natur verfünffachte sich die Zahl der Unternehmen, die nach den Empfehlungen der TCFD offenlegen zwischen 2017 und 2021.

Taskforce on Nature-related Financial Disclosures (TNFD): Aufbauend auf den Empfehlungen der TCFD, legte die TNFD im März 2022 eine erste Version ihres Rahmenwerkes vor. Während die TCFD den Klimawandel ins Zentrum rückt, konzentriert sich die TNFD auf den Verlust an Biodiversität und die Zerstörung von Ökosystemen. Die Empfehlungen der TNFD sind gleich aufgebaut wie die der TCFD, sind aber in Teilen umfangreicher. Die

TNFD arbeitet derzeit an weiteren Versionen, die maßgebende Ausgabe ist für September 2023 geplant.

United Nations Global Compact (UNGC)*:* Lanciert im Jahr 2000 ist der UNGC die weltweit größte freiwillige Initiative zur Unternehmensverantwortung mit ca. 15.000 unterzeichnenden Unternehmen. Der UNGC beinhaltet zehn Prinzipien, die in die Themenfelder »Menschenrechte«, »Arbeit«, »Umwelt« und »Anti-Korruption« gegliedert sind. Da der UNGC prinzipien-basiert ist, lässt er sich ohne Weiteres mit neueren Rahmenwerken wie den SDGs vereinbaren.

Deutscher Nachhaltigkeitskodex (DNK)*:* 2010 entwickelt, ist der DNK ein vom Rat für Nachhaltige Entwicklung ausgearbeiteter freiwilliger Transparenzstandard, der nach der Einführung in Deutschland auch auf europäischer Ebene eingebracht wurde. Der DNK enthält 20 Kriterien, die über die Bereiche »Strategie«, »Prozessmanagement«, »Umweltbelangen« und »Gesellschaft« verteilt sind. Im Lichte der gegenwärtigen Konsolidierungsbemühungen ist zu erwarten, dass der DNK mit übergeordneten Rahmenwerken wie den ESRS verknüpft wird.

Ratings nutzen und Wettbewerbs- und Finanzierungsvorteile generieren

Allerdings reicht es für Unternehmen nicht aus, nur zu kommunizieren und einen Nachhaltigkeitsbericht zu verfassen. Um Investorengelder anzulocken, muss die Nachhaltigkeit des Unternehmens regelmäßig durch eine glaubwürdige Drittpartei bestätigt werden.

In diesem Kontext haben Nachhaltigkeitsratingagenturen eine hohe Bedeutung und Ausstrahlwirkung, die nicht außer Acht gelassen werden sollte. Der Markt mit über 40 verschiedenen ESG-Ratings ist dabei sehr groß und dynamisch. Die Vielzahl an verschiedenen Ratingskalen, Messmethodiken und Prozessen erschweren die Vergleichbarkeit und machen eine genaue Analyse erforderlich: Nicht alle Ratings sind gleichbedeutend! In der Praxis nehmen Unternehmen regelmäßig an mehreren Ratings teil. Ist eine Entscheidung getroffen, sollte hierfür unbedingt ein aktiver Prozess zur Bedienung und Steuerung etabliert werden.

Im Folgenden wird eine Auswahl an Ratings sowie aktuelle Entwicklungen kurz beschrieben, um einen ersten Überblick zu geben:

EcoVadis: 2007 gegründet, hat sich EcoVadis zum weltweit größten Anbieter von Nachhaltigkeitsratings entwickelt. Über 100.000 Unternehmen haben ein Rating von EcoVadis. Das Rating deckt ein breites Spektrum an nicht-finanziellen Managementsystemen ab, einschließlich der Auswirkungen auf Umwelt, Arbeit und Menschenrechte, Ethik und nachhaltige Beschaffung.

Institutional Shareholder Services group of companies (ISS Oekom): 1993 etabliert, gehört ISS Oekom zu den weltweit führenden ESG-Research- und Rating-Agenturen für nachhaltige Investitionen. ISS Oekom bewertet Emittenten von Aktien und Anleihen, wobei weniger die Investorensicht und mehr der Impact des Emittenten im Vordergrund steht. Ca. 7.000 Organisationen – Unternehmen als auch Regierungen – haben ein ISS Oekom Rating.

Carbon Disclosure Project (CDP): Im Jahr 2000 als gemeinnützige Gesellschaft gegründet, erlaubt das CDP Staaten, Städten und Unternehmen ihre Umweltauswirkung in Bezug auf Wassersicherheit, Wertschöpfungsketten, Abholzungsrisiken und Klimawandel offenzulegen. CDP verzeichnet ein starkes Wachstum; seit 2015 stieg die Anzahl an Offenlegungen um 141 %. Inzwischen legen über 13.000 Unternehmen ihre Umweltinformationen über das CDP offen.

Morgan Stanley Capital International (MSCI): Gegründet im Jahr 1969, bietet MSCI seit 1999 Nachhaltigkeitsratings an. Als Anbieter von Aktienindizes und Sparte von Morgan Stanley, gilt MSCI als Branchenführer bei der Veröffentlichung von Scores und Ratings für ESG-Unternehmen. Als kapitalmarktorientierte Ratingagentur bietet MSCI Ratings für verschiedenste Finanzprodukte – von Aktien und festverzinslichen Wertpapieren bis hin zu Fonds.

Morningstar Sustainability Rating *(ehemals Sustainalytics)*: Gegründet im Jahr 1992, ist das Morningstar Sustainability Rating darauf ausgelegt, Anlegern zu helfen, wesentliche ESG-Risiken in ihren Portfolio-Firmen zu identifizieren und zu verstehen. Damit steht wie bei MSCI die Investorensicht und die finanzielle

Wesentlichkeit im Mittelpunkt. Sustainalytics hat Ratings für mehr als 16.000 Unternehmen herausgegeben.

FTSE Russell's ESG Ratings: 1995 gegründet, bewertet das Rating- und Datenmodell von FTSE Russell die operativen ESG-Chancen und Risiken von Unternehmen. Wie MSCI und Sustainalytics konzentriert sich FTSE Russell auf Unternehmen, die Teil von großen Aktienindizes sind. FTSE Russell hat bereits über 7.000 Herausgeber von Wertpapieren evaluiert.

Refinitiv ESG score: Gegründet im Jahr 2018 aus einer Sparte von Thomson Reuters, ist Refinitiv bekannt für ihre umfassende ESG Datenbank, die von 700 Analysten zusammengestellt und kuratiert wird, sowie ihren ganzheitlichen Ansatz, der 630 ESG-Kennzahlen miteinbezieht. Im Zentrum steht wiederum die Investorenperspektive. Refinitiv kalkuliert ESG Ratings für über 12.000 Unternehmen.

Standard and Poor's Global Corporate Sustainability Assessment (CSA): Lanciert im Jahr 1999, besteht das CSA aus einer jährlichen Evaluation der Nachhaltigkeitspraktiken von Unternehmen. Zur Evaluation eingeladen werden typischerweise Branchenführer sowie weitere hochkarätige Unternehmen. Die Evaluation fokussiert auf Nachhaltigkeitskriterien, die sowohl branchenspezifisch als auch finanziell wesentlich und für Anleger relevant sind. Das CSA deckt über 10.000 Unternehmen ab.

Wo kann man sich Hilfe holen?

Andrea Engelien

Die Politik, Verbände, Vereine und weitere Institutionen haben die Wichtigkeit der Integration von ökologischen und sozialen Faktoren in die Unternehmensführung erkannt. Daher gibt es eine Fülle von Leitfäden und Tools, die von Unternehmen kostenlos genutzt werden können. In diesem Kapitel werden einige davon beschrieben.

Klimarisikomanagement

BMWi Klimacheck für Industrie und Mittelstand: *https://www.bmwk.de/Redaktion/DE/Downloads/klimacheck-tool.html*

ClimateRisk-Mate: Das Tool bündelt Daten, Informationen und Hilfestellungen zur Anpassung an die Folgen des Klimawandels: *https://www.climate-challenge.de/tool*

Erstellung einer Treibhausgasbilanz

Die Effizienz-Agentur NRW bietet mit dem ecocockpit eine Vielzahl von Möglichkeiten zur Treibhausgas-Bilanzierung und -reduzierung: *https://ecocockpit.de/*

Kooperationen zur Bekämpfung des Klimawandels

Unternehmensnetzwerk Klimaschutz – Eine IHK-Plattform:
https://www.klima-plattform.de/

Klimaschutz – Unternehmen: Ein Netzwerk von Unternehmen, die sich aktiv für Klimaschutz und Energieeffizienz sowie einen sinnvollen Umgang mit den Ressourcen einsetzen:
https://www.klimaschutz-unternehmen.de/startseite/

Die Mittelstandsinitiative Energiewende und Klimaschutz unterstützt den Mittelstand bei der Umsetzung der Energiewende:
https://www.mittelstand-energiewende.de/ueber-uns.html

Wirtschaft pro Klima bietet eine Plattform für Unternehmen, die sich unter einem gemeinsamen Bekenntnis für Klimaschutz und Klimaneutralität einsetzen.
https://www.wirtschaftproklima.de/

Fördermittel

Förderdatenbank: einen Überblick über Förderprogramme des Bundes, der Länder und der Europäischen Union:
https://www.foerderdatenbank.de/FDB/DE/Home/home.html

Förderfibel Umweltschutz und Energie des Bayerischen Landesamt für Umwelt:
https://www.umweltpakt.bayern.de/werkzeuge/foerderfibel/

Förderberatung des Bundes für Forschung und Innovation:
https://www.foerderinfo.bund.de/foerderinfo/de/home/home_node.html

Nachhaltigkeitsziele der UN (SDG)

Der »SDG-Wegweiser« ist ein erprobtes Werkzeug, die Nachhaltigkeitsziele in der betrieblichen Praxis zu implementieren. Nach dem Motto »Hilfe zur Selbsthilfe« bietet der Leitfaden pragmatische Hilfestellungen, Praxisbeispiele und Arbeitsmaterialien für einen effizienten und wirkungsvollen Umgang mit dem SDGs *https://www.umweltpakt.bayern.de/werkzeuge/nachhaltigkeitsmanagement/module.htm?m=1#sdg*

Menschenrechte

Helpdesk Wirtschaft & Menschenrechte: Als Unterstützungsangebot der Bundesregierung berät der Helpdesk Unternehmen bei der Umsetzung menschenrechtlicher Sorgfaltsprozesse *https://wirtschaft-entwicklung.de/wirtschaft-menschenrechte*

Netzwerke und Vereine

Bundesverband nachhaltige Wirtschaft e. V.
https://www.unternehmensgruen.org/

Bundesdeutscher Arbeitskreis für Umweltbewusstes Management (B.A.U.M.) e. V.: *https://baumev.de/Home.html*

Regionale Netzstellen Nachhaltigkeitsstrategien / Rat für Nachhaltige Entwicklung (RNE): *https://www.renn-netzwerk.de/*

Corporate Sustainability

Kompass für die
Nachhaltigkeitsberichterstattung

Das Buch „Corporate Sustainability" ist unverzichtbar für alle, die sich rechtzeitig auf die neuen und erweiterten Pflichten bei der Nachhaltigkeitsberichterstattung vorbereiten und sich zukunftsfest aufstellen wollen.

Es bereitet Sie mit der Expertise und den Erfahrungen kompetenter Autorinnen und Autoren aus der Unternehmenspraxis, Prüfungspraxis und Wissenschaft bestens auf die neuen Anforderungen vor.

Auszug aus dem Inhaltsverzeichnis:

• Entwicklung des Nachhaltigkeitsmanagements in Unternehmen
• Zur Notwendigkeit von Nachhaltigkeit in der Corporate Governance
• Frameworks, Standards und Guidance zur Nachhaltigkeits-
  berichterstattung
• Handelsrechtliche Nachhaltigkeitsberichterstattung
• Roadmap Nachhaltigkeitsberichterstattung
• EU-Aktionsplan: Finanzierung nachhaltigen Wachstums
• Sorgfaltspflichten in der Lieferkette

Bestellung unter:
www.shop.haufe.de/prod/corporate-sustainability

Sustainability als Wettbewerbsvorteil

Unternehmen sind gefordert, konkrete Maßnahmen für Nachhaltigkeit umzusetzen, die zugleich Positives bewirken und mit den übrigen Geschäftsaktivitäten in Einklang stehen. Überzeugende Beispiele und Best Practices für ökologische, soziale und ökonomische Nachhaltigkeit zeigen, wie Unternehmen Nachhaltigkeit nicht nur als Nebenaspekt behandeln, sondern sie im Kerngeschäft etablieren und somit langfristig Wettbewerbsvorteile erzielen. Dabei geht es nicht nur um geringfügige Optimierungen, sondern darum, zu ganz neuen und besseren Lösungen zu kommen.

Auszug aus dem Inhaltsverzeichnis:
- Gesellschaftliche Verantwortung als strategischer Ansatz
- Psychologische Effekte bei der Implementierung von nachhaltigen Ansätzen
- Relevanz der Nachhaltigkeitskommunikation für Unternehmen

Bestellung unter:
https://shop.haufe.de/prod/sustainability-als-wettbewerbsvorteil

Nachhaltigkeit in Organisationen

Unternehmen müssen sich im Nachhaltigkeitskontext mit rechtlichen Anforderungen aber auch mit Erwartungen von Kunden, Mitarbeitenden und der Gesellschaft insgesamt auseinandersetzen. Das Buch klärt über die drei Nachhaltigkeitsdimensionen – die ökonomische, die ökologische und die soziale – sowie über die Abhängigkeiten und Wechselwirkungen zwischen diesen Dimensionen auf. Das Fazit: Ökonomische Nachhaltigkeit kann nur zusammen mit sozialer und ökologischer Nachhaltigkeit erreicht werden.

Auszug aus dem Inhaltsverzeichnis:
- Recht, Moral und Ethik der Nachhaltigkeit
- Vorstellung der SDGs und Umsetzung des Nachhaltigkeitsmanagements in Unternehmen
- Das Konzept des positiven Nachhaltigkeitskreislaufs

Bestellung unter:
https://shop.haufe.de/prod/nachhaltigkeit-in-organisationen

Haufe Akademie

Nachhaltigkeitsmanagement: Seminare, Trainings und Qualifizierungen

Nachhaltigkeit erfolgreich gestalten und Zukunft sichern – mit Lösungen für Unternehmen und Fach- und Führungskräfte.

Große Themenvielfalt: In der Themenwelt Nachhaltigkeitsmanagement der Haufe Akademie finden Sie viele Weiterbildungsangebote für Ihre individuellen Herausforderungen. Egal ob Sie Nachhaltigkeitsmanagement übergreifend in Ihrem Unternehmen voranbringen wollen oder das Thema Nachhaltigkeit gezielt in speziellen Fachabteilungen umsetzen möchten: Bei den Angeboten der Haufe Akademie finden Sie das passende Thema.

Unterschiedliche Weiterbildungsformate: Von der klassischen Präsenzveranstaltung über umfassende Qualifizierungsprogramme bis hin zu kompakten Online-Angeboten - Sie entscheiden, in welchem Umfang und wie Sie am liebsten lernen.

Inhouse-Schulungen: Alle Qualifizierungen der Themenwelt Nachhaltigkeitsmanagement sind auch als Inhouse-Schulung bei Ihnen vor Ort im Unternehmen oder als Live-Online-Training durchführbar. Schon ab 4–5 Teilnehmer:innen lohnt sich die exklusive Weiterbildung im unternehmenseigenen Umfeld. Auf Wunsch erhalten Sie ein an den individuellen Bedarf Ihres Unternehmens angepasstes Konzept.

Alle Informationen zu den Angeboten der Themenwelt Nachhaltigkeitsmanagement der Haufe Akademie finden Sie hier: www.haufe-akademie.de/nachhaltigkeit

Stichwortverzeichnis

Accounting 94
AKV-Prinzip 62
Ambitionsniveau 16, 40

Bereichsaufgaben 88

Controlling 93
Corporate Social Responsibility 11
Corporate Sustainability Reporting
    Directive 35

Deutsche Nachhaltigkeitsstrategie
    (DNS) 21

Einkauf 102
EU-Lieferkettengesetz 38
European Green Deal 22
EU-Taxonomie 34

Führungskompetenz 79

Geschäftsführungsaufgaben 89
Governance 75
Greenhouse Gas Protokoll
    (GHG) 72
Greenwashing 91

Hilfsangebote 119

Inside-Out Perspektive 48

Kennzahlendefinition 58

Lieferkettensorgfaltspflichtenge-
    setz 37

Mitarbeitermotivation 84
Mitarbeiterzufriedenheit 85

Nachhaltigkeitsabteilung 95
Nachhaltigkeitskennzahlen 61
Nachhaltigkeitsstrategie 26

Ökologische Nachhaltigkeit 70
Organisationstruktur 42
Outside-In Perspektive 48

Pariser Klimaabkommen 17
Personalwesen 100
Purpose 15

Rating 115
Risikomanagement 94

Soziale Nachhaltigkeit 66
Sozialkompetenz 82
Stakeholder-Dialog 45
Steuerungsintegration 60
Sustainable Development Goals 18

Tone at the Top 80
Transformationsangst 86
Treibhausgaspotenzial 71
Treppe der Nachhaltigkeit 9
Triple-Bottom-Line 7

Umweltmanagementsystem 10
Unternehmenskultur 55

Wesentlichkeit 13
Wesentlichkeitsanalyse 43
Wesentlichkeitsmatrix 53

Impressum

Bibliografische Information der Deutschen Nationalbibliothek
Die Deutsche Nationalbibliothek verzeichnet diese Publikation in der Deutschen
Nationalbibliografie; detaillierte bibliografische Daten sind im Internet über
http://dnb.dnd.de abrufbar.

Print:	ISBN: 978-3-648-16884-4	Bestell-Nr.: 10888-0001
ePub:	ISBN: 978-3-648-16885-1	Bestell-Nr.: 10888-0100
ePDF:	ISBN: 978-3-648-16886-8	Bestell-Nr.: 10888-0150

Andrea Engelien, Andrea Kämmler-Burrak, Flavia Kruck, Peter Sattler
Nachhaltigkeit im Unternehmen
1. Auflage 2023, Rechtsstand 1.1.2023

© 2023, Haufe-Lexware GmbH & Co. KG, Freiburg
www.haufe.de
info@haufe.de

Produktmanagement: Jürgen Fischer
Redaktion: Manuel Wehrle, Günther Lehmann
Bildnachweis (Cover): rejchrt, Adobe Stock

Die Autorinnen und Autoren

Andrea Engelien

Selbständige Beraterin für Nachhaltigkeitscontrolling und -strategieentwicklung (»BESONNEN WIRTSCHATEN«). Sie befähigt Organisation und Unternehmen, Nachhaltigkeit als professionelle Businesskompetenz aufzubauen und zu leben.

Andrea Kämmler-Burrak

Principal im Competence Center Controlling & Finance bei Horváth in München. Sie ist Expertin im Bereich Performance Management & Corporate Sustainability und Mitglied im Arbeitskreis Green Controlling des Internationalen Controller Vereins.

Flavia Kruck

Senior Project Manager im Competence Center Controlling & Finance bei Horváth in Zürich. Als Expertin im Bereich Corporate Sustainability und GRI Certified Sustainability Professional berät sie Unternehmen zu Nachhaltigkeitsstrategie, -steuerung und -berichterstattung.

Peter Sattler

Principal im Bereich Corporate Sustainability und Green Transformation bei Horváth in Wien. Er ist Experte für die Entwicklung von Nachhaltigkeitsstrategien, die Entwicklung von Nachhaltigkeitsmanagementorganisationen und die Integration von Nachhaltigkeitsaspekten in die Unternehmenssteuerung.